図解即戦力

オールカラーの豊富な図解と
丁寧な解説でわかりやすい!

画像センシングの しくみと開発が しっかりわかる 教科書

これ1冊で

興水大和（監修）青木義満（主筆）
明石卓也、大橋剛介、片岡裕雄
杉本麻樹、竹内渉、戸田真志
中嶋航大、門馬英一郎、山田亮佑

技術評論社

はじめに

本書のテーマの画像センシング技術は、請われた産業舞台がどこであっても等しく出向いていかなければなりません。それらは、自動車製造の現場にも、自動車走行のハイウェイの現場にも、医療現場にも、顔認証セキュリティにも、市街の監視にも、工場の製造現場にも、スポーツ会場の現場にも、農林水産のフィールドにも、ゲームやエンタメの現場にも及びます。

本書では、まずこのような現場における画像センシング技術の使われ方を実例に即して丁寧にご紹介します。

また、画像センシング技術自体が誰の手にも余るほどの広がりを持っています。そこで本書は、適用分野からの要請に無駄なく効率よく対処できるように、技術マップを厳選しアクセントを持たせて取り上げることにしました。中でも強いアクセントを持たせた技術は、世界が驚きを持って受け止めまた多くの可能性を示してくれ始めた、注目すべき深層学習DL技術です。日進月歩のネットワークモデル伸展の動向も、広がる実績の動向もわかりやすく押さえることに努めました。

本書の読み手は、画像センシング技術のノービス、それもそれぞれに機械とか電気とか農業とか医療などの専門性の研鑽を積みつつある技術者の皆様であります。さまざまな理工学の学びの場で広く座右の書にしてほしいと願っています。

また、さまざまな新技術に程よく精通することが必要なビジネスの最前線にも本書をお届けしたいと考えています。画像センシング技術のポイントを営業エンジニアの活動の現場に贈ります。

このような思いから、さまざまな産業における画像センシング技術の活用の現場において、本書を座右に置かれて利活用いただけることを切望しております。

監 修：輿水大和

執筆者代表：青木義満

推薦します！

この度、技術評論社から『図解即戦力　画像センシングのしくみと開発がこれ1冊でしっかりわかる教科書』が刊行されました。

ワード“画像センシング”は、国内最大級の学術ムーブメントを牽引する画像センシング技術研究会でも、画像技術の“産学の原点”を突いています。

本書は、現今の深層学習が画像技術にもたらしているインパクトとともに画像技術の“産学の原点”を描き出す力を秘めています。

大学でも産業現場でも画像技術研究・開発・ビジネスにチャレンジされる諸賢の座右の道標として、本書をお薦めする次第です。

2023年6月
慶応義塾大学名誉教授
画像センシング技術研究会第二代会長
中島真人

目次　Contents

1章
画像センシング現場の技術深訪

2章
画像センシングのキホン ～センサーから画像処理まで～

3章 画像処理技術の詳細 ～パターン検出と画像識別～

4章 最先端画像センシング技術

5章
さまざまなタスク

6章

画像センシングを支えるツール&Tips
~ハード、ソフトからデータセットまで~

ご注意：ご購入・ご利用の前に必ずお読みください

■ 参考文献マークについて

本文中や図版名末尾に記された [1] [2] 等のマークは、巻末の参考文献リストの番号を示しています。

1章

画像センシング現場の技術深訪

画像センシング技術は、身辺のあらゆる機器やソフトウェア、サービスに組み込まれ、私たちにその存在を意識させない場面を含め、大いに利活用が進んでいます。本章では、センシング技術の詳細に触れていくプレ学習として、まずは自動車、医療、スポーツなど、さまざまな分野で便利に活用されている画像センシングシステムの事例をできる限り多彩に紹介していきます。これにより、画像センシング分野の現状と活気とを把握し体感するとともに、今後の可能性を感じていただきます。

01 安全運転支援・自動運転

画像センシングと人工知能技術の進歩により、さまざまな場面で安全運転を支援する先進運転支援システム、さらには自動運転システムに関する研究開発が活発に進められています。ここでは画像センシングによる先進運転支援技術の事例について紹介します。

自動車運転と画像センシング技術

先進技術を利用してドライバーの安全運転を支援するシステムを搭載した自動車の実用化により、ドライバーの負担、交通事故が減少しています。今後の技術のさらなる進歩により、ドライバーの負担、交通事故の減少がますます強く期待されます。先進技術を利用してドライバーの安全運転を支援するシステムを搭載した自動車、また、そのプロジェクトを先進安全自動車（ASV：Advanced Safety Vehicle）といいます。

自動運転技術はレベル0（システムが警告を発する予防安全システムがあっても、ドライバーが自動車のすべての制御を行うレベル）から完全自動運転のレベル5の6段階に分けて開発が進められています（図01-1）。

レベル0から2は、**ADAS**（先進運転支援システム）であり、運転（操縦）の主体はドライバーで、人間の認知能力を補う運転支援システムですので、自動運転ではありません。レベル3から5の運転（操縦）の主体はシステムになり、自動運転システムになります。

日本では、国土交通省のASV推進計画（1991年～）により、自動ブレーキ装置や急発進防止装置などを含む先進運転支援システム、Advanced Driving Assistant System、略してADAS（読み方は「エーダス」）の開発が始められました。ADASの、自動で止まる（自動ブレーキ）、前のクルマに付いて走る（Adaptive Cruise Control：**ACC**）、車線からはみ出さない（Lane Keep Assist System：**LKAS**）などの運転支援（レベル1）、車線を維持しながら前のクルマについて走る（LKAS+ACC）特定条件下での自動運転機能（レベル2）はすでに実用化されています。

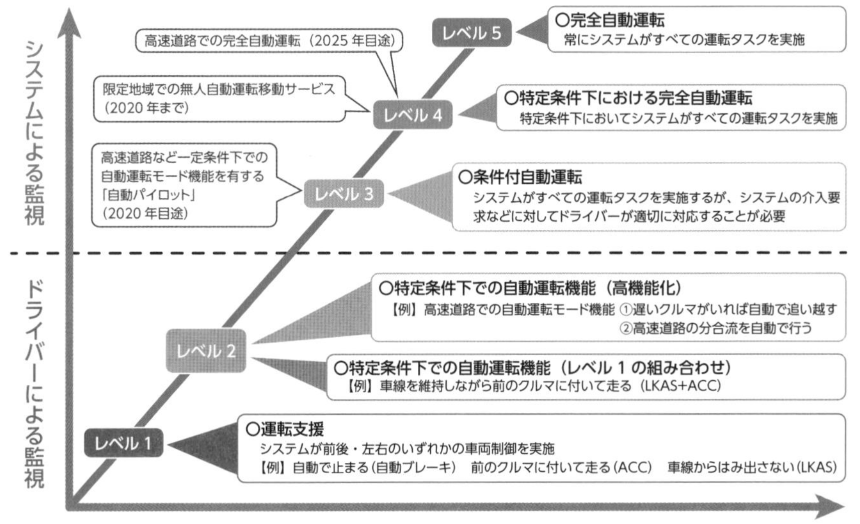

図 01-1　自動運転技術のレベル分け [1]
（出典：官民 ITS 構想・ロードマップ 2017 などをもとに作成）

これまでの車制御の主流は、ドライバーが見て（聞いて）、判断し、制御しており、レベル0になります。この人間が見るのに代わる役割をセンサーが担います。センサーとしてカメラ、赤外線レーザー、ミリ波レーダー、超音波センサーなどが使われています。カメラは単眼カメラ、ステレオカメラがあり、人間の目の代替として幅広く利用されています。

安全運転支援と自動運転

運転支援システムとは、ドライバーの適切な周辺監視の下、高速道路などにおいて、速度や前走車との車間距離を自動制御する装置（全車速追従クルーズコントロール）、車線の中央付近を走行するよう自動制御する装置（車線維持支援装置）などで、適切に使用すればドライバーの負荷を軽減するものです。

このドライバーを支援する運転支援車は、主体はドライバーですので「運転操作のすべてを自動化する技術を搭載した」自動運転車とは異なり、国土交通省は、安全運転支援の運転自動化技術レベル1、レベル2の車については「運転支援/運転支援車」と定義しています。

これに対して自動運転技術レベル3〜5に相当する自動運転の主体はシステムです。2021年3月に高速道路渋滞時などの一定条件下でシステムが運転操作するレベル3の自動運転機能搭載車（レジェンド）をメーカー（ホンダ）が発売、2021年3月に福井県永平寺町において、国内で初めてレベル3として無人自動運転移動サービスが開始、2021年2月に新東名高速道路におけるトラックの隊列走行が実現するなど、完全自動運転に向けて着実に開発が進んでいます。

前述の衝突被害軽減ブレーキや、アダプティブクルーズコントロールを備えた、先進運転支援システム（ADAS）の実用化により、交通事故の減少が期待されます。日本におけるADASは、国土交通省のASV推進計画が始まった1991年から、産学官連携のもと、開発・実用化・普及を促進するため、技術検証が進められています。現在でも、自動車、各部品メーカーを中心に研究開発が進められています。

ADASにおいて、画像センシング技術は図01-2のような機能に用いられています。

画像センシング技術		
	車線逸脱防止支援システム	カメラ画像をもとに車線を認識し、車線から逸脱しそうになるとアラームを鳴らす車線逸脱警報や、車線維持をアシストする支援システム（LKAS）など、自動車が走行中に車線を逸脱することを防ぐ機能の総称
	アダプティブクルーズコントロール（ACC）	正式名称は全車速域定速走行・車間距離制御装置、車に搭載されたレーダーなどによって得られた情報からコンピューターが判断し、先行車との車間距離を適正に維持して追従走行する
	衝突被害軽減制動制御装置（AEBS）	レーダーなどで前方障害物を検知し、衝突の可能性がある場合は警報を発し、さらに障害物との衝突が避けきれないと判断した場合は、障害物との衝突による被害を軽減するため自動的にブレーキ制御を行う
	ナイトビジョンシステム	赤外線カメラで撮影した映像を昼間のような鮮明なフルカラー映像で映し出す自動車用暗視モニターシステム
	ドライバーモニタリング	ドライバーの注意力を評価し、必要に応じてドライバーに警告し、最終的にブレーキをかけるための車両安全システム
	交通標識認識システム	最高速度標識や、車両進入禁止標識、一時停止標識など交通標識の見落としを防ぐ
	高度駐車支援システム	ハンドルやアクセル、ブレーキを自動で制御して、駐車をアシストする

図01-2　画像センシング技術が使われるADASの支援機能

車線逸脱防止支援

国土交通省によると、車線逸脱防止装置（Lane Departure Prevention System：**LDPS**）は走行車線を認識し、車線から逸脱した場合、あるいは逸脱しそうになった場合には、ドライバーが車線中央に戻す操作をするよう警報を作動させる機能です。車載カメラ画像から車線を認識し、方向指示器が操作されていない状態で車線を逸脱しそうになるとドライバーに警報する機能です。

また、車線維持支援システムは走行車線を認識し、車線維持に必要なドライバーの操舵力を軽減するもので、何らかの理由で車線から逸脱しそうになった場合には、ドライバーが車線中央に戻す操作をするようにする機能です。車載カメラ画像から車線を認識して車線の中央を走行するようにステアリングを制御します。ある一定以上の速度（例えば、65km/h）で走行していて、方向指示器が操作されていない状態で車線を逸脱しそうになったとき、車両を車線内に戻そうとする装置です。

これらを実現するには、自動車が道路上の白線（黄線）の位置を検出する必要があります。カメラの画像から車線を検出するためには、ハフ変換（Hough Transform：P.140参照）による直線検出に基づくのが一般的です。ハフ変換は、破線（点線）でも検出でき、ノイズに強いという特徴があります。カーブの場合のレーン検出をするには、処理領域を分割して検出するなどの工夫が必要になります。

車線検出、レーン検出の例を図01-3に示します。

図01-3　車線検出とレーン検出の例（画像はCityscapes Dataset [2]）

衝突防止・衝撃軽減

衝突防止・衝撃軽減のための運転支援技術として対車両自動ブレーキがあります。前方の車両との衝突を予測して、衝突被害を軽減する装置です。衝突被害軽減ブレーキは、Advanced Emergency Braking Systemの略称で**AEBS**といいます。これらを実現するには、前方車両、歩行者を検出する必要があります。

カメラで前方車両、歩行者を検出するために、深層学習による物体検出や画像処理を組み合わせたハンドクラフトな手法の物体検出が使われます。車両(先行車両)検出結果の例を図01-4に示します。

図01-4 車両検出の例(画像はCityscapes Dataset[2])

国土交通省は、衝突被害軽減ブレーキの認定の要件として以下の1～3の要件を満たすことと定めています(図01-5・左/中)。

1	静止している前方車両に対して50km/hで接近した際に、衝突しない又は衝突時の速度が20km/h以下となること。
2	20km/hで走行する前方車両に対して50km/hで接近した際に、衝突しないこと。
3	1および2において、衝突被害軽減ブレーキが作動する少なくとも0.8秒前に、運転者に衝突回避操作を促すための警報が作動すること。

また国土交通省は、対歩行者衝突被害軽減ブレーキ認定の要件として以下の1～5の要件を満たすことと定めています(図01-5・右)。

1	静止している障害物に対して50km/hで接近した際に、衝突しない又は衝突時の速度が20km/h以下となること。
2	20km/hで走行する障害物に対して50km/hで接近した際に、衝突しないこと。
3	1及び2において、衝突被害軽減ブレーキが作動する少なくとも0.8秒前に、運転者に衝突回避操作を促すための警報が作動すること。
4	前方を横断する障害物に対して20km/hで接近した際に、衝突しないこと。
5	4において、衝突被害軽減ブレーキが作動する前までに、運転者に衝突回避操作を促すための警報が作動すること。

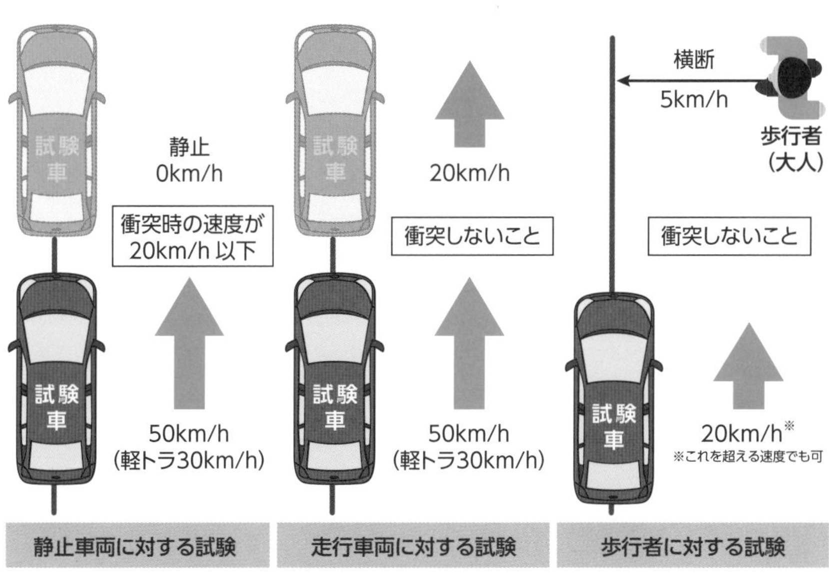

図 01-5　車両検知と歩行者検知の定義 [3] (出典：国土交通省 webサイトより)

まとめ

- **障害物検知や白線検出技術は、衝突被害軽減ブレーキや車線逸脱警報など、先進運転支援システムにおいて必要不可欠。**
- **実環境下における頑健性確保のため、深層学習など機械学習ベースのアプローチの利活用が進んでいる。**

02 医療支援・健康サポート

医療・健康の分野においても、画像センシング技術の活用の場が拡がっています。画像情報をベースに医師が診断を行う画像診断を支援する試みが行われています。

画像診断支援技術

医師による専門的な**画像診断**を支援するための画像センシング技術は、機械学習・深層学習の導入により大きく発展しています。その際に、限られたデータを有効に活用するための学習方法や、専門医などのエキスパートの知見をどのように機械学習に取り込むかなどの技術が重要となってきています。

さらに、画像センシングによる人物動作解析により、歩行動作など運動時の動作を簡単かつ詳細に分析できるようになったことで、健康状態のチェックや健康増進のためのアドバイスを行うようなサービスも実現されています。ここでは、医療、健康に関する分野における最新の画像センシング技術やシステムの事例について解説します。

臨床の現場では、検査や診断目的で、CT、MRI、超音波など、さまざまな医療機器を用いて人体内部の状態を画像として記録・可視化することが行われています（図02-1）。これらの医療用画像撮像システムのハードウェアとしての進化の支えで、より高解像度で高品質な画像が取得できるようになっています。

その画像情報をベースに、目視により専門医が診断を行う画像診断において、画像処理技術によってその作業を支援する試みは以前から盛んに行われています。特に、近年の画像深層学習の導入により、大量の医用画像を用いた画像診断支援技術が大きく進歩しています。ここでは、画像診断支援において活用されている画像センシング技術をいくつか紹介します。

①物体検出

画像から特定の対象物体のみを検出する技術が**物体検出**です。例えば、血液中の細胞を自動検出する課題などが考えられます。血液の顕微鏡画像中の赤血球、白血球、血小板の３種類の細胞を対象に、画像中からこれらの位置と種類を自動的に検出するという問題設定です。

図02-2に、細胞検出の例を示します。検出は対象を囲む矩形（Bounding Box：BB）で行われます。以前は、これらの対象を抽出・区別するために有効な画像特徴量を探索すること自体が大きな課題となっていましたが、深層学習の導入により、データドリブンな学習から検出に有効な特徴抽出と識別が行われるようになったことから、検出性能が大幅に向上しました。

ニューラルネットワークを用いた物体検出手法には、R-CNNやSSD、YOLOといったさまざまな手法が提案されています。これらの技術により、画像中の対象の位置座標を検出し、計数を行うことができるため、検査や診断における重要な統計情報を提供することが可能です。

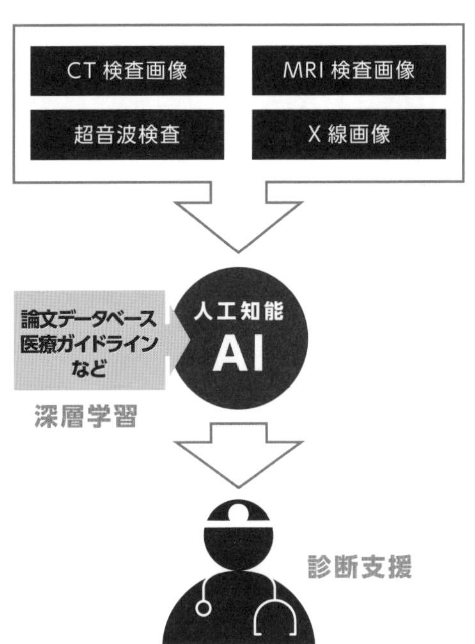

図02-1　AIによる診断支援イメージ

赤い長方形で示されたBBの上辺に重なるように表示された白いラベルが矩形の内部にある物体のクラスを表している。

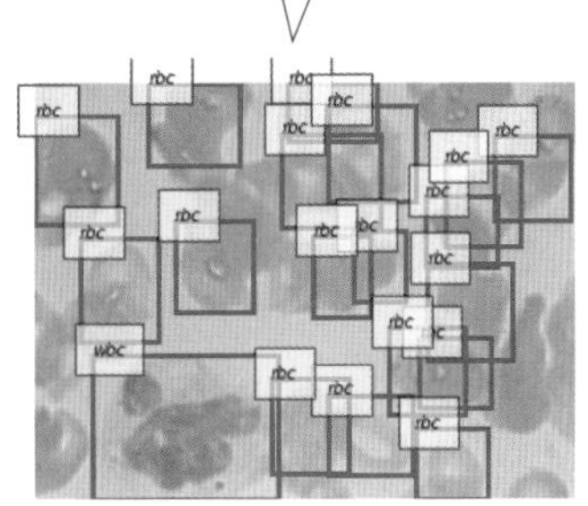

図02-2
顕微鏡画像中の
血液細胞自動検出 [4]
（赤血球 rbc, 白血球 wbc）

②物体領域分割

物体検出では、1つの検出対象を1つの矩形BBで囲むようにして検出していました。さらに詳細な物体の輪郭や形状が必要な場合には、**物体領域分割**の技術が必要となります。画素がどの物体に属するものなのかを、画素単位で分類するタスクでこれをSemantic Segmentation（意味的領域分割）と呼んでいます。

Semantic Segmentationでは、画素ごとに物体名のラベルで色分けして区別することで、対象物体の形状を画素単位で表現することができます。このタスクには、画像を入力として同じサイズのセグメンテーション結果画像を出力する、「画像」から「画像」を出力するような構造のニューラルネットワークが利用されます。図02-3には、病理画像を対象に、がん細胞の領域をSemantic Segmentationで抽出した結果を示します。単なる矩形での検出と比べ、細胞の形状や大きさなどの情報も得ることができるのが特長です。

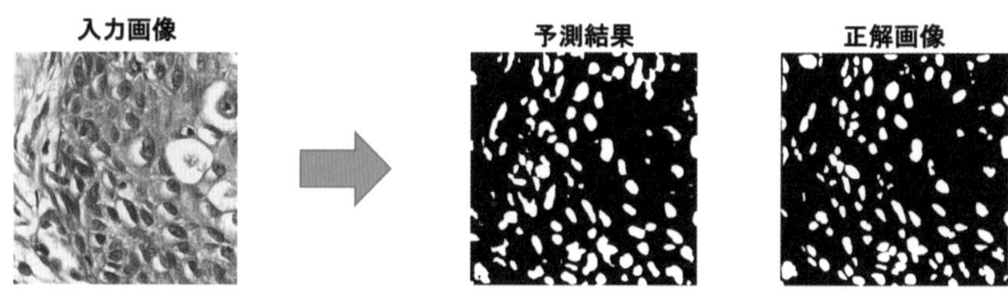

図02-3　病理画像に対するがん細胞のSemantic Segmentationの例

③ 教師データに関する課題、アノテーション

ここまで画像診断支援において重要な物体検出、領域分割について説明しました。しかし、これらの予測結果を得るためには、当然のことながら学習のための教師データを用意しなければなりません。物体検出では対象物体を囲う矩形を、領域分割では画素単位で正解となる領域を指定するような、人手によるアノテーション（annotation）作業が必要となります。

このアノテーション作業には大変な人的コストがかかるため、できるだけ少ない数の教師データで性能を高める工夫（少数サンプル機械学習）が求められます。また図02-3の病理画像に関しては、細胞染色の方法や撮影装置の違いなどによって、がん細胞の見え方が変化することがあります。そのような撮影条件の変動にどのように対応するかも、大きな研究課題となっています。

エキスパート知見の導入、アテンションマップ

医療における診断では、診断の判断根拠を求められるケースがほとんどです。AI画像診断を導入した場合、AIによる画像診断結果が専門医（＝**エキスパート**）の診断結果と同等であることはもちろん、その結論を出すに至った判断根拠についても説明可能である必要があります。

現在、AIが画像中のどの領域に注目して結果を出したかを可視化する技術（**アテンションマップ**）により、AIと専門医の注目した画像領域を比較することができるようになっています。学習過程において、専門医の知見として、モデルの注目領域を修正して追加学習することによって、診断におけるより説明性の高い注目領域を表示できるようになり識別性能の向上が期待できます。

図02-4は、眼底疾患を対象として、エキスパートの知見によってアテンションマップ（AIの注目領域）を修正することで、疾患領域の識別精度を向上させた好例です。

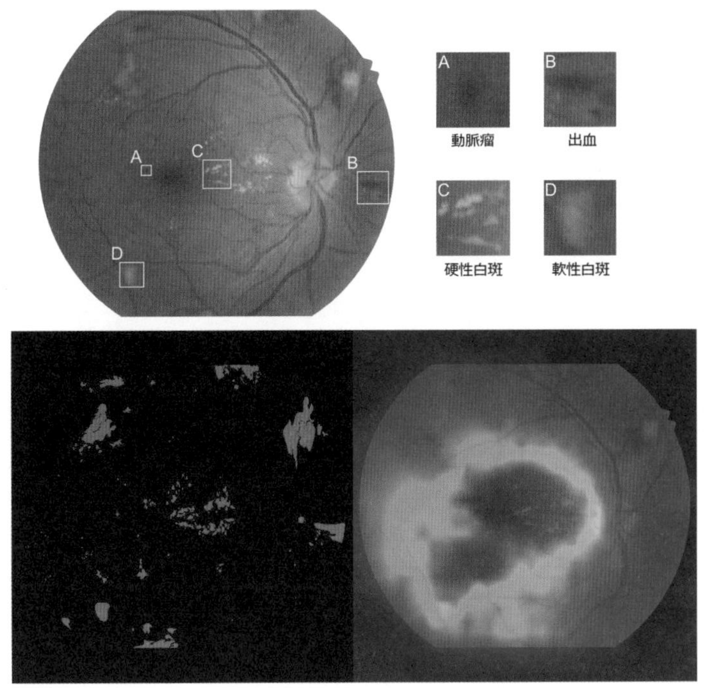

図 02-4　眼底疾患の例と識別時の注目領域［5］
（資料提供：株式会社ニデック／坂下祐輔）

健康維持・増進のための画像センシング

高齢化社会が進み、医療費の増大が社会的に大きな課題となっている中、個々人が健康を維持・増進するための技術的取り組みが重要となっています。現在、**スマートウォッチ**などのパーソナルなデバイスを用いて、心拍、血中酸素濃度などを日々の生活の中で計測、モニタリングすることができるようになりました。また、血圧や心電図の情報などを取得可能なものも登場しています。

一方、身体全体の動きや機能をチェックするものとして、画像センシング技術を用いた人物姿勢・動作推定への強い要請があります。図02-5は、画像中の人物の関節ごとに、事前に学習して"関節らしさ"と、関節間の位置関係の整合性を評価し、リアルタイムで複数人の人物姿勢推定を実現するOpenPoseという手法です。

このような技術を用いると、人の関節周りの動作を解析したり、何らかの運動の様子を計測して動きを評価するなどの健康増進活用が可能となります。

図02-5　リアルタイム人物姿勢推定「OpenPose」[6]

リハビリテーションの領域においても、画像センシング技術の利活用が進められています。病気療養後の身体機能の低下や術後には、身体機能の回復を目的としたリハビリテーション治療が行われます。リハビリテーション治療においては、関節の動きの阻害要因の発見や、理学療法および作業療法の効果の評価、障がい度合いの判定などにおいて、関節可動域の測定が必要となります。従来、人手による計測器具を用いた目視測定が行われていますが計測のバラツキが課題でした。また、自動測定には加速度センサーなどの接触型センサーが必要となっていました。

図02-6は、AIを活用し患者のリハビリテーションの動画から肩と肘の関節可動域を自動測定するシステムです。人の肩と肘関節の動作パターンをあらかじめ学習させた複数のAI画像認識モデルを組み合わせた画像分析AIエンジンを用いて、患者のリハビリテーション動画から3次元骨格を推定し、肩と肘の左右合計16の運動方向の角度を自動測定可能となっています。このようなシステムは、理学療法および作業療法の効果の評価や障がい度合いの判定を支援するツールとして現場での活用が進んでいます。

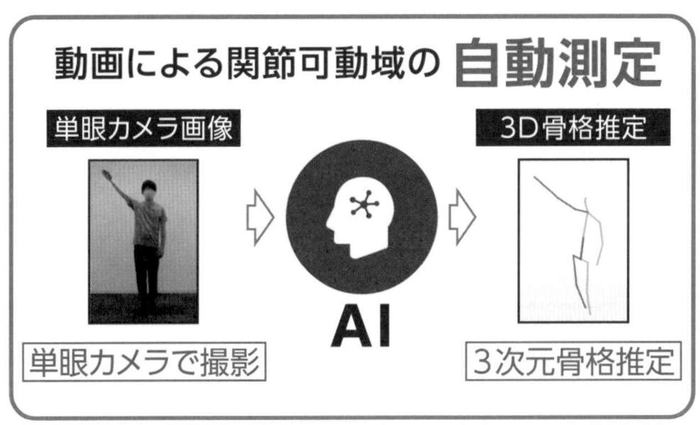

図02-6　関節可動域自動測定ソリューション（資料提供：富士通株式会社）

まとめ

- **深層学習による画像認識技術は、画像診断支援に実利用されている。また、エキスパートの知見を機械学習の過程に組み込む方法が検討されている。**
- **人の動きの画像計測や生体情報計測により、健康状態の把握が簡便に実現可能となった。**

03 生体認証システム

日常生活のさまざまな場面で、顔や指紋などの生体情報を利用したセキュアな個人認証システムが活用されています。ここでは、画像を用いた生体認証技術とシステムについて、具体的な活用事例を交えて紹介します。

生体認証のモダリティ

私たちは日々の生活において、家や自動車のドアを開けるには鍵やカードを使用し、スマートフォンやPCを用いてインターネット上で大切な情報のやりとりをする際、パスワードや数字を使用しています。これらは、紛失や盗難、入力ミスなどの危険性があります。一方で、**生体認証**（**バイオメトリクス**）は、人物固有の身体的特徴を用いるので、盗難やなりすましの危険性が少なく、セキュリティの意味で注目されています。

生体認証技術とは、人間の身体的特徴や行動的特徴を利用し、個人を特定・認証する技術です。個々の人物を識別するために有効であり、かつセンサーによって捉えやすい人物固有の特徴をうまく利用することで、高精度な個人認証を実現することを目指せるので、さまざまな手法やシステムが研究開発されています。ここには顔や虹彩、指紋、静脈といった身体部位の形態特徴を用いる静的なもの、音声、署名、キーストロークといった意図的な動きから特徴を捉える動的なものが取り組まれています。

生体認証に使える身体的特徴(モダリティ)にはどのようなものがあるでしょうか。認証に利用するためには、すべての人が容易に提示できること（受容性)、個人ごとに特徴が異なっていること（独自性)、そして長期間にわたってその特徴が変化しないこと（不変性）の3つの性質を満たしていることが重要といわれています。

それらの観点を踏まえ、現在生体認証に利用されている情報の種類（＝モダリティ）には、図03-1のようなものがあります。

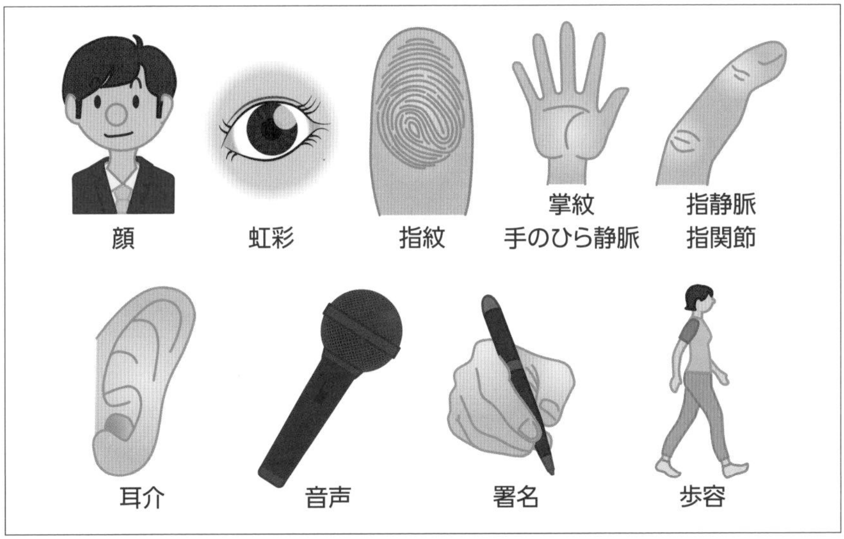

図 03-1 生体認証に利用される各種モダリティ

生体認証の流れ

図03-2に基本的な生体認証システムの処理の流れを示します。

①対象部位の検出

身体の一部の特徴を利用するため、カメラもしくはセンサーによって対象部位のみを切り出す検出処理が重要となります。例えば、顔画像を認証に用いる場合には、顔の周囲に写っている不要物を無視して、顔領域のみを認証に利用します。一方で、指紋や静脈といった手の一部をセンサーに近接させて提示するようなデータ取得が可能なシステムの場合には、ほぼノイズに影響されずに安定して狙った部位の画像情報を取得することができます。

②変動補償

データベースに登録された生体情報が取得された環境と、実際に照合を行う環境がまったく同じであることはありません。背景や照明条件、身体部位の位置や姿勢の変動などが含まれることがあるため、それらの変動を上手に補償するような工夫が必要となります。

③特徴抽出

次に個人を識別するために有効と思われる特徴の抽出を行います。個人内変動を吸収し、かつ個人間の差が顕著になるように工夫したうえで、画像をそのまま比較したり、特徴抽出処理を行ってパラメータ化して比較する方法などがあります。この際、抽出された特徴量の次元（サイズ）を適切に設定することも実用上重要となります。

④照合・判定

個人から抽出された特徴とデータベースに登録された人物の特徴どうしを比較し、本人か他人かを見分けるのが照合処理です。比較対象は画像やセンサーから抽出された特徴ベクトルで、1対多の類似度を計算して判断を行います。主成分分析や判別分析、サポートベクターマシンやブースティング識別器といった統計的識別方法が用いられてきました。しかし、近年は特徴抽出から照合までを深層学習に基づく手法で実現しているシステムが多く登場しています。

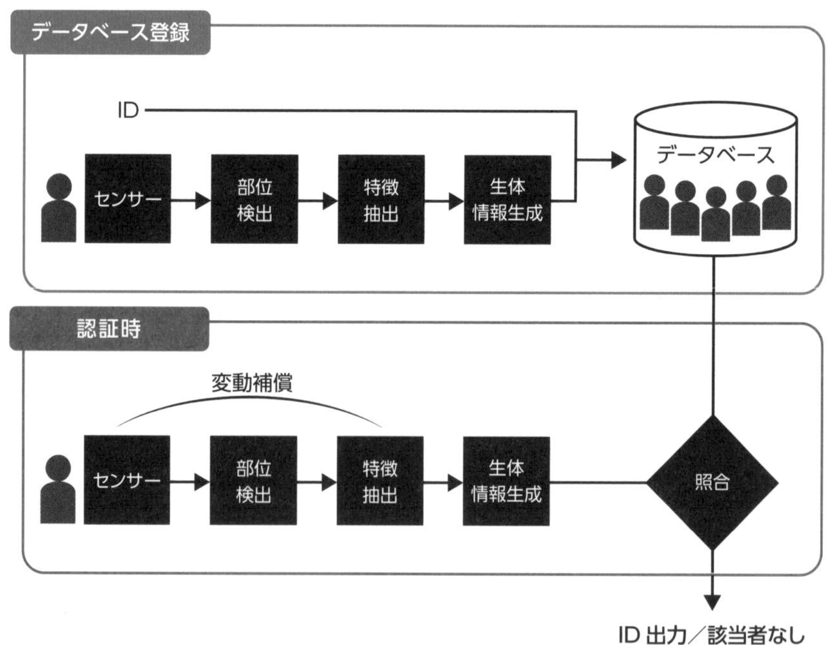

図 03-2　生体認証の処理の流れ

生体認証システムの実例

それでは、現在実社会で活用されている生体認証システムの実例をいくつか紹介していきます。

①顔認証システム

静的な身体特徴を用いる認証システムの代表が**顔認証**システムです。顔は、同じ生体認証の中でも指紋や静脈を用いた認証方式と異なり、非接触での認証が可能です。また、顔写真を撮影・登録し、認証時にはモニターやカメラに顔をかざすだけでよいという手軽さも魅力です。

まず、画像中から顔検出器によって顔の領域を切り出し、個人の顔特徴を抽出します。この顔特徴とあらかじめ登録されている顔特徴を照合し、同じ顔かどうかを識別します。

図03-3に空港で利用されている顔認証ゲートを示します。ここでの顔認証には、複数のDeep Learning構造を融合した特徴抽出方式と照合技術が活用され、ユーザに負担をかけずに高速・高精度な個人認証を実現しています。

図 03-3　国内空港の顔認証ゲート（写真提供：パナソニック コネクト株式会社）

②歩容認証システム

ここまでは静止画像を用いた静的な個人認証システムについて紹介してきました。動的な特徴を用いた個人認証システムの一例として、**歩容認証**システムを紹介します。

歩いている人物の歩行動作を動画像として記録し、歩き方の個性に着目した個人認証を行うのが歩容認証です。生体情報を利用した非接触の認証方式はさまざまなものがありますが、認証対象の人物が遠く離れていても利用できる唯一の認証技術として注目されています。

図03-4に代表的な歩容認証システムの例を示します。このシステムでは、人物の歩行の様子を捉えた動画像から、人物のシルエットのみを抽出して時系列に並べた画像列を用意します。そして、これらから歩行動作の周期性を周波数特徴として変換・抽出して照合しています。さらには、蓄積された大規模な歩行映像データベースを活用した、より高精度な個人認証が可能な深層学習ベースの認証方式などが盛んに研究されています。

近年では防犯カメラ映像からの歩容鑑定に実際に活用されるなど、現場での実用化が進められており、今後のさらなる応用が期待されています。

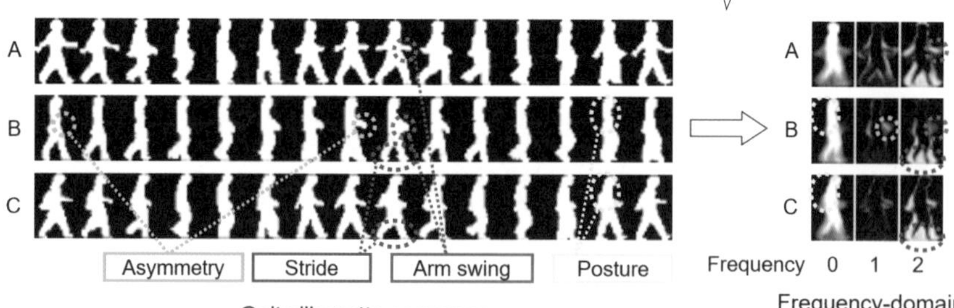
歩行時の人物のシルエットを抜き出した後、シルエットの非対称性や歩幅、腕の振り、全身の姿勢変化などの特徴を、周波数領域の特徴として抽出。同一人物かどうかを判別している。
A
B
C
Asymmetry
Stride
Arm swing
Posture
Gait silhouette sequence
A
B
C
Frequency 0 1 2
Frequency-domain feature

図03-4　歩容認証システム

（資料提供：大阪大学 産業科学研究所 複合知能メディア研究分野 八木研究室）

③物体指紋認証技術

生体認証とは異なりますが、工業製品の個体識別を実現する技術も提案されています。製造過程で自然発生的に生じる個体固有の表面紋様（これを**物体指紋**と呼びます）をカメラで撮影し、画像を登録・照合することで個体識別を実現するものです。

同じ製品でもミクロに観察すれば、個々に異なる唯一な特徴（物体指紋）を持っていることに着目したもので、識別のためのタグ付けや表面へのマーキングができない小さな部品であっても、物体指紋の画像を適切な条件下でカメラで撮影するだけで、個体を識別することが可能になるというものです。金属だけでなく、印刷物や革製品などへの適用も可能ということで、今後のさらなる活用が期待されます。

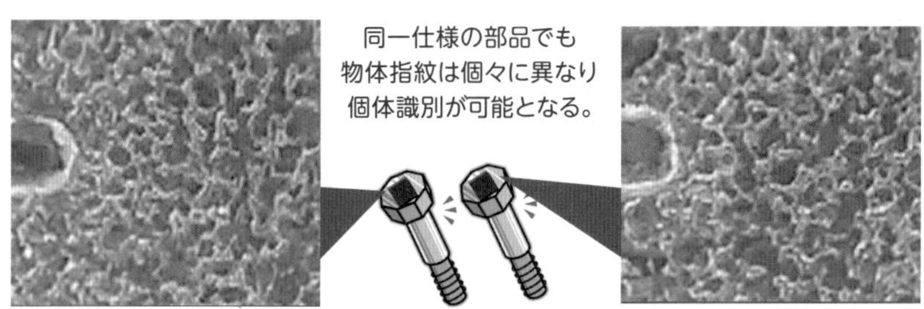

同一仕様の部品でも
物体指紋は個々に異なり
個体識別が可能となる。

図 03-5　同一金型で鋳造した金属ボルト 2 つの物体指紋 [7]
（資料提供：NEC デジタルテクノロジー開発研究所）

まとめ

- **生体認証に用いる身体的特徴には「受容性」「独自性」「不変性」の3つが求められる。**
- **生体認証システムにおいても、機械学習ベースのものが主流となり、空港ゲートにおける顔認証システムなどで広く活用されている。**

04 マシンビジョン／検査

マシンビジョンという名前のとおり、この分野ではカメラとコンピューターを機械の視覚として扱い、ヒトがこなしてきた作業の機械での代替を目的としています。マシンビジョンとは産業界でのコンピュータービジョン分野の技術利用を指します。

進化する産業界の外観検査

産業界においては人間による視覚的なタスクが多く、外観検査のエキスパートが良品と不良品とを目視で見分けています。これらは、形状のいびつさ、バリの有無、凹み、塗装ムラ、異物混入など多様な不良品に対して各々のエキスパートが長年かけて修得した技術であり、同一のタスクでも同じ方法で検知しているとは限りません。

技術を若手に継承するアプローチでは、視線計測やモーション解析などが用いられていますが、それらの情報だけで体得できるとは限りません。エキスパートの方法論に基づいて、画像処理技術者が特徴量を選び、機械学習で識別器を作る検討も行われてきました。また、深層学習を利用した分類器の利用も試みられています。

外観検査・検品タスクと画像処理技術の関係

工業分野において「形状の正しさ」「滑らかさ」「均一さ」などが視覚的なタスクとして挙げられます。「形状の正しさ」については、手本となるサンプルと同一か確認するものです。よって「同一」は厳格な一致を意味しますので、カメラからの距離が若干変わる、あるいは照明が変わるだけで判定が変わってしまいます。したがって、対象物、照明、カメラの配置や対象物の向きを固定する、背景に余計なものを入れない、といった制限により**マシンビジョン**の難易度を下げる工夫が必要です。

「滑らかさ」はプレス加工における打痕やせん断加工でのバリなど、対象物の表面あるいは断面が滑らかに保たれているかを確認します。金属のようなよく反射する素材の場合には、不自然な反射の有無を検知することになります。

「均一さ」は明るさ、色などについて均一さを確認します。カメラにおける入射光と濃度値の関係が線形で、撮像素子のダイナミックレンジと分解能が十分であれば、明るさの不均一さを画像上の濃度値の違いとして捉えられます。

ただし、ヒトの感じる明るさや色（測光量）は、画像での赤、緑、青の濃度値からは求めることができません。これは、ヒトとカメラとでは光の波長に対する応答関数（分光感度）が異なり、ヒトの目と同等な分光感度を有する特殊なカメラを使わない限り、絶対量の計測が原理的に不可能なためです。

色については赤、緑、青の濃度値から均等色空間への変換により相対的な色差を利用するか、特定の条件下においてあらかじめ色見本を撮影したうえで測光量への換算やデバイス間での色再現を行う場合があります。なお、厳密な測色は波長ごとの光を計測したうえで測光量を算出する方式やヒトの目と同等な分光感度を持つセンサーで光を計測する方式による、分光測色計や色彩輝度計を用いるのが一般的といえます。

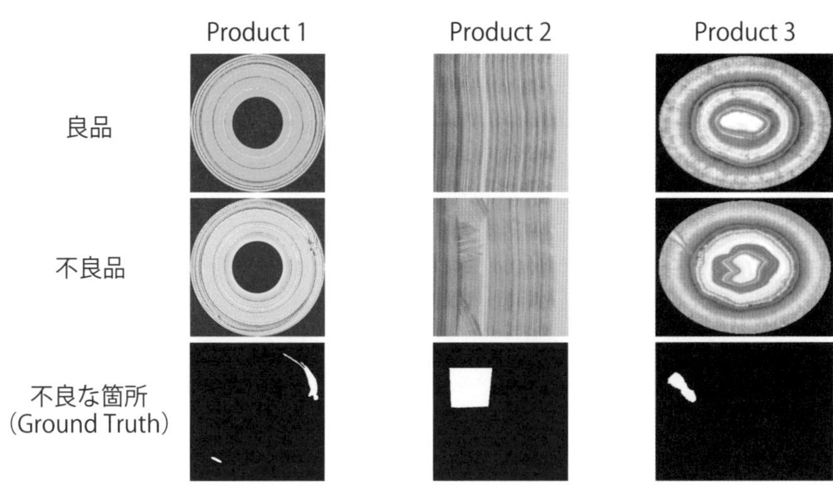

図 04-1　画像検査のベンチマーク [8]

異常検知問題

マシンビジョンにおいても深層学習が用いられつつあります。しかし手書き数字の分類のようなサンプルが各クラスについてほぼ同数用意される物体認識問題とは事情が異なります。外観検査などの品質管理、目視評価の分野では、正常な対象がほとんどで不良品のサンプルがほとんど存在しない、という**異常検知問題**として扱うのが一般的です。異常検知問題では正常な画像データを学習データとして、抽出した正常な特徴からの逸脱度合いを求めるもので、あらかじめ正常な画像を構成する要素を学習し、多少の欠損があっても復元するエンコーダー・デコーダーの機構を用いる場合が多くなります。

また、何をもって異常としたかを示す説明性も求められます。深層学習が多用される以前のハンドクラフト型開発技法であれば、ヒトが設計した特徴量が狙った異常さと結び付いている場合が多く、機械学習がブラックボックスであったとしてもどの特徴量によって判断されたかで、ある程度の説明が可能でした。しかし、深層学習では特徴量の取得も自動化されており、特徴空間は数千万次元にも及びます。このような背景から深層学習での判断根拠を示す研究も多数試みられています。例えば重要な箇所だけ赤く重ね書きするヒートマップのようなネットワークレイヤ上の頻度出力で判断根拠の手掛かりが示されることが多くなっています。

センサーとしてのカメラの丁寧な理解

カメラを使った計測という観点からは、空間的、時間的な分解能や、センサーとしての**ダイナミックレンジ**（カメラのイメージセンサーが感じとることができる、最も明るい部分と最も暗い部分の範囲）についても丁寧な理解が必要となります。ヒトにとっての視野および視力はカメラにとっては画角と撮像素子の画素数とが影響します。つまり、空間のどの領域を切り取るかは光学系での画角で決定し、切り取った領域をどれだけ細かくサンプリング可能かが撮像素子での画素の密度で決定します。

加えて、対象（あるいはカメラ）の動きが、撮像素子への露光時間に対して十分小さいかが、ブレの発生の有無を決定します。さらには、一般的なカメラの撮像素子で捉えられる明るさのダイナミックレンジはヒトに対して狭いのが現状なので、露光量の調整も必要となります。また、一般的なフルカラー画像では赤、緑、青の各色が8bitしかありませんので、広範なダイナミックレンジの光を計測する画像測光の分野では高bit画像による多段露光が採用されています。

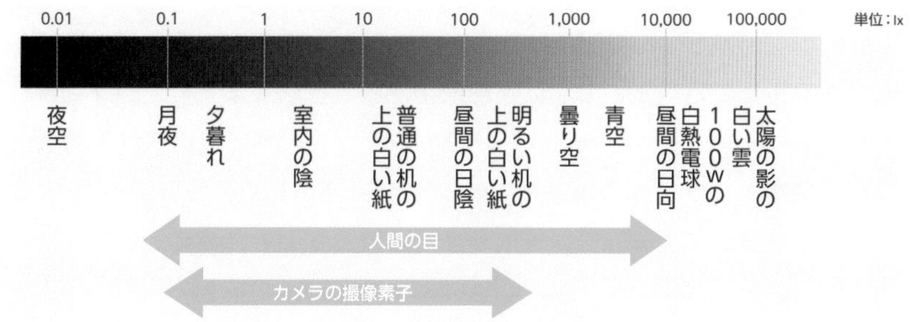

図 04-2　ダイナミックレンジ

大きさの計測

撮影は、3次元空間の対象を2次元に映す不可逆な計測作業で、画像1枚だけではスケールが不明となるため、画像から対象の大きさを計測するにはレンズ歪みやカメラの位置、姿勢を求める**キャリブレーション**が必要となります。3次元の情報をカメラから取得する方法としては、カメラを複数台用いた**ステレオビジョン**や、カメラとエミッタ（投光器）を用いた**アクティブステレオ**などがありますが、これらの方法を用いる場合でもキャリブレーションは必須です。また、タブレットやスマートフォンで計測が可能なものもありますが、3Dスキャン（デプスデータ計測）が可能な場合に限られます。

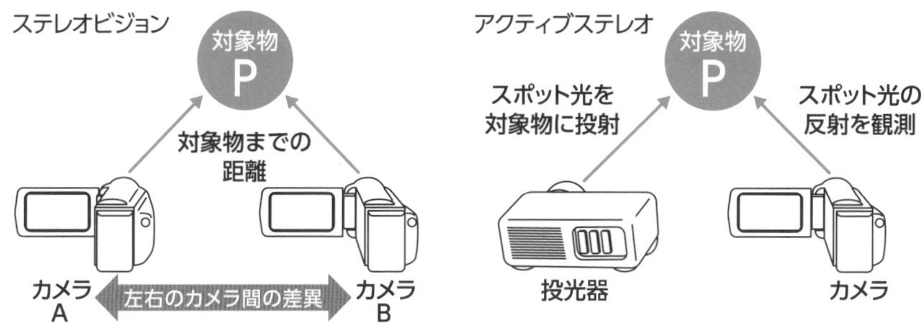

図 04-3　ステレオビジョンとアクティブステレオ

感覚量の計測

計測対象は明確に計測可能な物理量だけでなく、ヒトの感覚による心理量である場合もあります。ある状態をヒトが評価する際、例えば「悪い・やや悪い・普通・やや良い・良い」のような尺度が用いられたとすると、「悪い」から「良い」を0から4の5段階の連続量のように扱おうとする場合があります。このとき画像から得られる特徴量との関係が線形であるとは限りません。心理物理学分野におけるウェーバー・フェヒナーの法則では「人の感覚量は受ける刺激量の対数に比例する」としています。そのため、感覚を量的に扱おうとする場合には、画像からの特徴量による評価が等間隔に得られるかの吟味も必要といえます。

バーコードとQRコード

流通・販売においてその商品が何であるかを特定することは高速化・効率化において重要となります。日本では**JANコード**が統一商品コードとして利用されています。JANコードは数字で付与されていますが、**バーコード**を使うのが一般的です。

バーコードは白地に黒の縦線が描かれており、横軸を時間とした場合のパルス信号とまったく同じように考えられます。バーコードリーダーによる読み取りはレーザーダイオードからレーザーを照射し、フォトダイオードで反射光を受光しますが、横方向にスキャンする必要があるので高速にミラーを往復させています。ミラーの角度はその制御信号（掃引信号）と対応しているので、どの位置がよく反射し（白）、どの位置があまり反射しない（黒）のかが読み取れます。ただし、誤りを避けるためバーコードについても両脇に十分な白地の空白（クワイエットゾーン）を設けるよう定められています。

読み取った波形は、ある基準を超えているかで白黒のバーコードらしき存在を探し、クワイエットゾーンに挟まれたバーコードを探したうえで、閾値からの大小で0または1に割り当てます。

「この商品を再購入したい」という場合に、スマートフォンのネット通販アプリケーションでバーコードを読み取り、すぐに購入できます。カメラで撮影した画像からバーコードを探すにはやや高度な処理が必要になりますが、バーコードが大写しになる前提であれば、矩形領域を設定して水平方向の濃淡の変化（プロファイル）を読み取ることでバーコードリーダーと同様の出力を得られます。

バーコードでは符号化できる情報量が限られますが、その弱点を克服したものが**QRコード**を代表とする2次元コードといえます。2次元コードは特にカメラを搭載した機器との相性が良いため、スマートフォンやタブレットなどのカメラ搭載端末のみで扱えることから広く利用されています。

QRコード認識・読み取りはバーコード以上に高度な技術が必要となりますが、画像からQRコードを発見するための3個のファインダーパターンと歪み補正の目印となるアライメントパターンによって、画像上の位置決めと歪み補正ができるよう設計されており、比較的新しい規格ならではといえます。

これらのコード認識・読み取りですが、実際にはすでに便利なライブラリが公開されていますので、フルスクラッチで書く必要が生じない限りはそれらを利用したほうがよいでしょう。

図 04-4　バーコードと QR コード

まとめ

- 工業製品の目視外観検査の自動化は、産業応用としての画像処理の重要課題である。
- 良サンプルが少ない条件下での異常検知では、正常な特徴を学習し、そこからの逸脱度を求める。
- 形状、大きさなどの物理量の計測のほか、感覚量の計測も課題。

05 バーチャルリアリティ・ミックスドリアティ

画像センシング技術はさまざまな場面で、コンピューターと私たちの相互作用を実現するために使用されます。ここでは、こうした実環境を拡張する技術の中で、どのように画像センシング技術が応用されているかについて解説します。

エンタテインメント

バーチャルリアリティ（Virtual Reality：**VR**）や**ミックスドリアリティ**（Mixed Reality：**MR**）などのシステムにおいては、実環境の対象の動きをトラッキングすることで、バーチャル環境にその情報を反映して、現実と同期した新しい体験を作り出すことができます。

画像認識技術を応用することによって、現実の環境とコンピューターの中の環境を重ね合わせて、VRやMR技術を活用したエンタテインメントシステムを構築することが行われるようになっています。2016年に公開された「Pokémon GO」では、**GPS**（Global Positioning System）や携帯電話・Wi-Fiの基地局からの信号などから特定することができる地理情報とともに、画像センシング技術を活用することで、コンピューターグラフィックス（Computer Graphics：CG）で描き出されるキャラクターをカメラ映像上に重畳（ちょうじょう）させることを実現してゲームを楽しむことができます。

カメラ画像中の自然特徴量に注目することで、撮像位置が異なる複数の画像どうしの中で同じ点であると考えられる対応点を見つけることが可能です。また、複数の画像の撮像位置関係やカメラパラメータを考慮することで、その対応点の3次元位置を推定することができます。こうした対応点の3次元空間における分布を検討することで、対応点の分布から実環境の平らな場所を検出（**平面検出**：図05-1）することができます。検出した平面の任意の位置をユーザに指定させることによって、カメラ画像の中で指定した位置に現実感の高いCGキャラクターを描き出すことが可能となっています [9]。

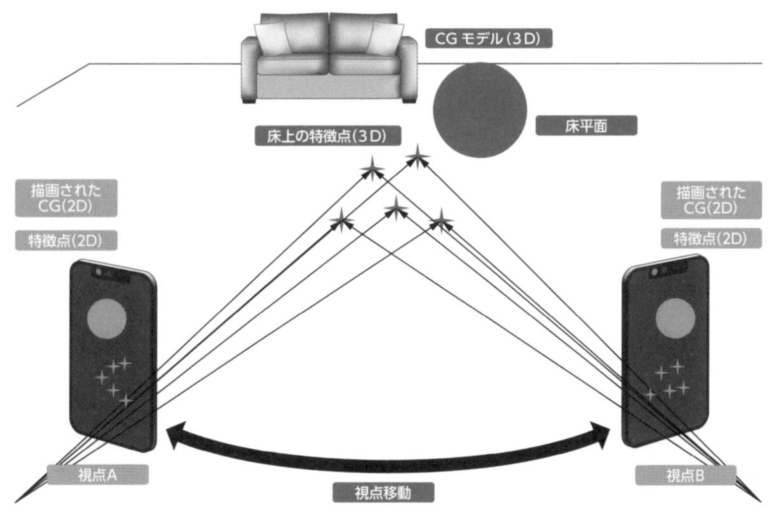

図 05-1　ハンドヘルドデバイスによる平面検出と CG の重畳

ナビゲーション

環境を認識することによって、私たちの日常環境における行動の**ナビゲーション**を行う画像センシング技術が実用化されています。Google Mapsが提供するナビゲーション機能では、GPSなどで特定した地理情報に基づいて、周囲の建物の自然特徴量の対応を考慮することによって、都市の中でカメラがどの方向を向いているかを高い精度で検出します。このカメラ画像に目的地へ向かうための指示を矢印の形で重畳することが実現されています [10]。

こうした計算においては、カメラ画像中の特徴点の対応を探索していくボトムアップの手法と、過去の位置・姿勢情報や、慣性センサーなどの情報から予測した場所を対象として画像上に特徴点を投影して、その周辺の探索を行うトップダウンの２つの手法があります。こうした手法を状況に応じて使い分けることによって、カメラ画像とナビゲーション情報の重ね合わせを行う際の計算量を削減することができます。

従来からの電子コンパスなどでも、地図上でのナビゲーションは可能でしたが、カメラ画像と周囲の3次元環境を重ね合わせる誤差が大きいという問題がありました。端末に組み込まれているGPSなどの位置センサーと画像センシング技術による周囲の建物の特徴点のマッチングを併用することで、計算量を低減しながら破綻が起きない、高い精度のナビゲーションを実現することが可能となっています。

高臨場感メディア

高い臨場感をもって遠隔や過去の映像内を体験する技術が画像センシングの応用としても開発されています。NASAの研究プロジェクトでは、火星の探査ロボット（図05-2）を遠隔操作するために、**ステレオカメラ**によって距離推定を行う画像センシング技術を用いて、3次元再構成した遠隔環境のモデル上において、ロボットの行動計画を立てることができるシステムが研究されています。また、ステレオカメラから得られる情報から高い精度で環境モデルを構築する技術なども開発されています。

©NASA

図05-2　NASA Mars Exploration [11]

ステレオカメラのシステムの例を説明します。左右のカメラで同一時刻に撮影された画像上で対応する特徴点を見つけ、カメラ間の基線に基づいて3角測量の原理を適用することで奥行き情報を推定し、環境の幾何形状やテクスチャ情報を3次元空間に再構成することが可能です（図05-3）。3次元再構成した環境を視覚情報としてユーザに提示することで、高い臨場感を与えることができます [12]。

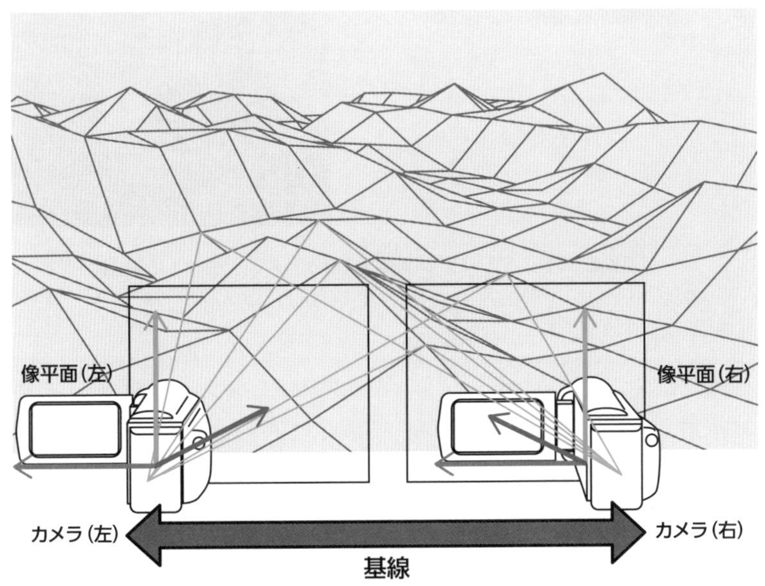

図 05-3　ステレオマッチングによる環境の３次元再構成の原理

人間拡張

人間の存在や能力を拡張する**人間拡張**（Human Augmentation）や、VR技術の一部である**テレイグジスタンス**（Telexistence）・**テレプレゼンス**（Telepresence）の研究では、操作者の運動をモーションキャプチャシステムで計測し、遠隔のロボット（図05-4左）やバーチャル環境のアバター（図05-4右）に反映することで、物理的な制約を超えて自分の分身を操作することができます。

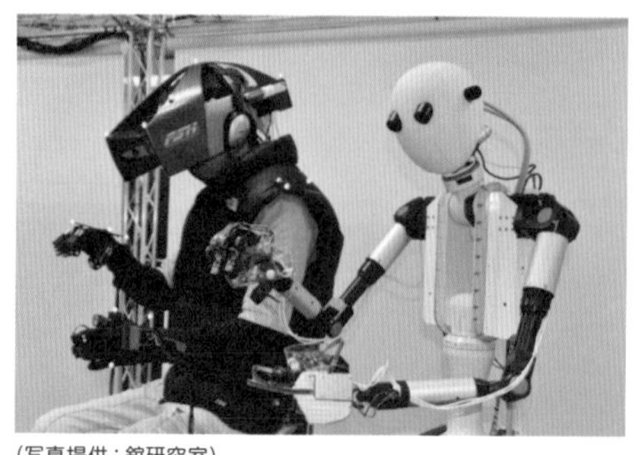

（写真提供：舘研究室）

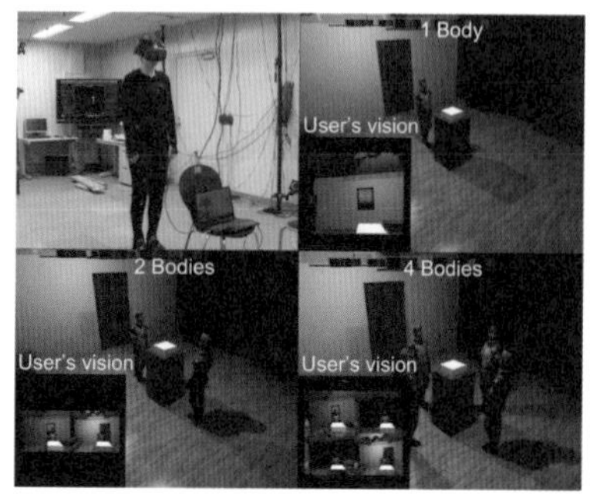

図 05-4　（左）テレイグジスタンスロボット TELESAR V [13]
（右）バーチャル環境における分身 MultiSoma [14]

画像センシングを用いた**モーションキャプチャシステム**（図05-5）では、空間中に配置した複数の赤外線カメラで同期して再帰性反射材などの校正用のマーカーパターンを多数のフレームで撮影し、カメラの内部パラメータと外部パラメータを未知として誤差が最小となるように最適化問題を解くことで、そのパラメータを推定することが可能です。

また、推定したカメラのパラメータを使用することで、登録してあるマーカーの幾何情報と、実際に撮像したマーカーの幾何情報をマッチングして、複数のカメラの画像上での同一のマーカーを推定し、それぞれのマーカーの3次元位置を算出できます。

身体に装着したマーカーの位置とユーザの骨格モデルを考慮することで、関節角度や幾何形状を推定することが行われています。四肢に付けたマーカーを認識することで、手足の運動を再現したり、顔に装着したマーカーを認識することで表情を計測したりする技術も確立しています。また、マーカーを使用する以外の方法として、奥行き画像やRGB画像の自然特徴量を深層学習によって認識することで、関節角度や幾何形状の推定を行う高度な画像センシング技術も実用化されています。

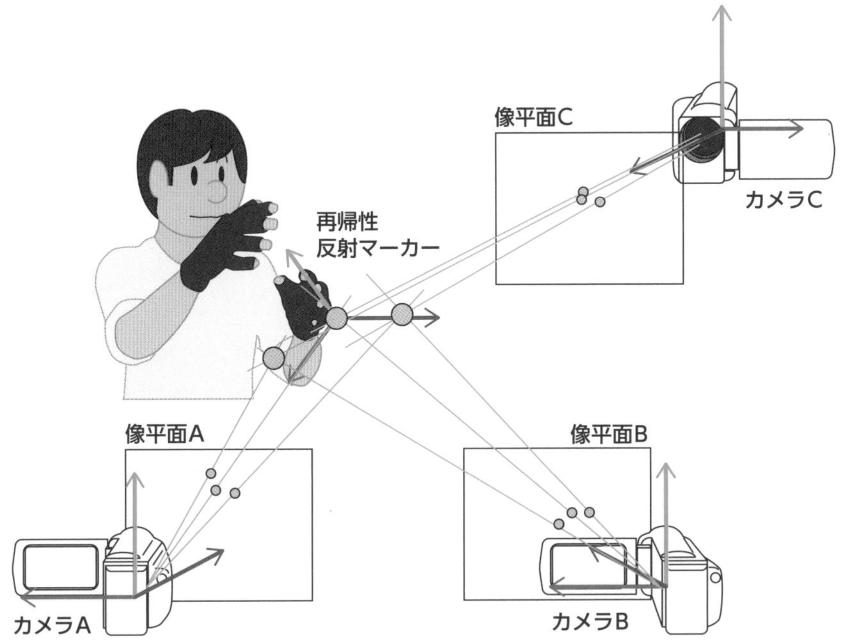

図 05-5　モーションキャプチャシステムの原理

まとめ

- 画像認識技術は、現実世界と仮想環境を融合するために活用されている。
- 地理情報と画像センシングを併用することで、高精度なナビゲーションが可能となる。
- 画像ベースのモーションキャプチャによって、操作者の運動を遠隔ロボットや仮想環境のアバターに反映することができる。

06 スポーツ

2021年に開催された東京オリンピック・パラリンピックなどで、スポーツに対する世界的な関心が高まっています。これまで、スポーツ活用に向けた画像センシング技術の研究開発が盛んに行われてきました。

進化するスポーツ支援システム

映像やセンサー情報を活用して競技者のスキルを計測、可視化し、**スポーツ**強化や**コーチング**支援を行う取り組みに留まらず、センシングした情報を放送映像に活用することで、視聴者向けに新たな付加情報を提示する取り組みなどが行われています。

近年の撮像技術、画像認識技術、センサー技術、情報提示技術の発展により、さまざまなスポーツ種目において、現場で活用することが可能なスポーツ競技支援システムが導入されつつあります。ここではスポーツ現場での実利用を目指した最新の画像センシング技術やシステムについて、具体的な取り組み事例を交えながら解説します。

競技・コーチング支援

サッカーなどのチームスポーツにおいて、選手やボールの位置情報をもとにした戦術分析が盛んに行われています。映像中から、対象となる選手やボールを検出するために、画像認識を用いた物体検出・追跡技術が活用されています。

さまざまなプロスポーツの現場では、プロリーグのチームがこのようなシステムを導入したうえで、データ分析に基づくコーチングが行われたり、試合や選手の統計情報を公開することに利用されています。

一方、システム導入コスト削減のためカメラの台数を減らすと、選手どうしの遮蔽やカメラワークに技術的に対応する必要があります。それらの課題を解決すべく、1台のカメラで撮影したラグビー試合映像を対象に、画像処理と

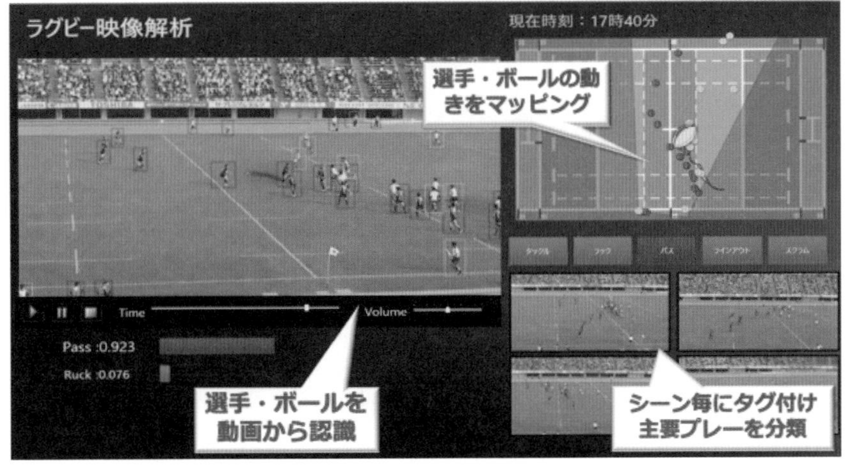

図 06-1　戦術分析のための選手とボールの位置検出（ラグビー）

深層学習を用いて選手やボールの位置を検出・追跡し、それらの時系列情報を用いて自動的にプレー分類を行うシステム（東芝、慶應大）などが開発されています。これにより、試合後のプレー分析を効率的に行うことができます。図06-1は、ラグビーを対象として選手とボールの検出を深層学習によって実現した事例です。

また、選手のプレーやパフォーマンス、運動負荷計測や評価のためには、競技中の個々の選手の情報を絶え間なくトラッキングする必要があります。Deep Learningによる画像認識技術の発展により、人物やボールなどの検出・追跡の高精度化が進みましたが、フィールド内を同じユニフォームを着た多数の選手が複雑に行き交うような状況下においては、映像からの継続的な位置情報の取得が困難となります。

そのため、近年小型軽量化、高精度化が進んでいるGPSを用いて、個々の選手の高精度な位置情報を取得し、移動速度や加速度、さらには運動強度やプレーイベントを推定する試みも行われています（図06-2）。GPSは屋内やGPS信号の弱い場所での計測ができないという欠点もありますが、映像情報からの画像センシング技術との組み合わせることで、双補完的に活用することができます。

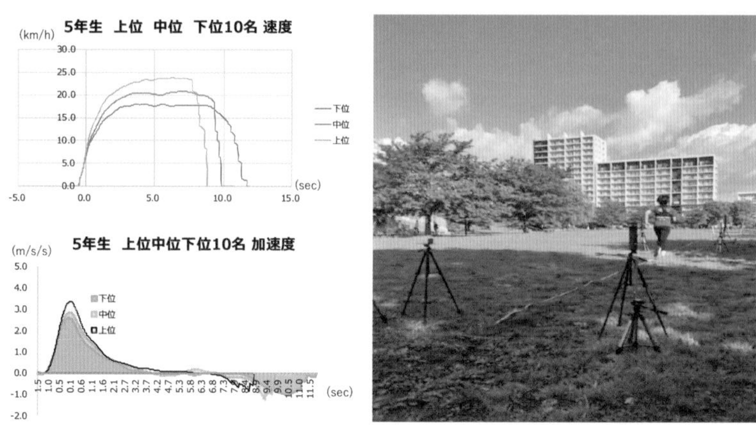

図 06-2　GPS による選手のパフォーマンス分析・評価

スポーツにおける競技力強化に向けた取り組みも精力的に進められています。特に、**仮想現実感技術**（Virtual Reality）を活用したシステムは、直感的、主観的な情報提示によるトレーニング支援が可能です。

例えば、投手の投球動作と投じた球を仮想空間上に合成し、ヘッドマウントディスプレイ（HMD）を装着した打者が一人称視点で体験することができるイメージトレーニングシステムが提案されています（図06-3）。

現在、野球やテニスでは、ボールの軌道を正確に取得することができる計測システムが普及し始めており、VR技術との融合により、さまざまなスポーツにおいてこのような体験型トレーニング支援システムが活用されていくと考えられます。

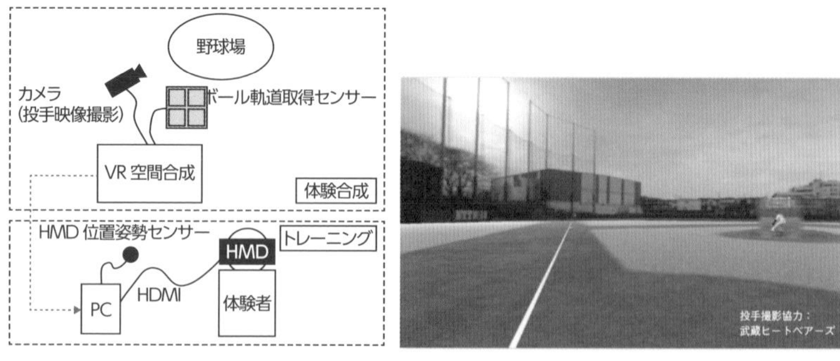

図 06-3　野球における VR 投球体験システム[15]

判定支援

スポーツにおいて、判定の正確性や公平性に対する要求の高まりから、センサーやカメラ映像などを活用した**判定支援**のためのシステムが実際に運用されています。テニスにおけるボールの着地位置判定、サッカーのゴール判定精度向上のためのシステムなどがよく知られています。

また、より客観的かつ定量的な評価への要求が高い採点競技に関しては、詳細な人物の動きのセンシングが必要なことから技術的なハードルが高かったのですが、最近では体操競技を対象とし、3Dレーザーセンサーを用いて選手の動きをセンシングすることで得られる人物骨格情報から、高速かつ高精度に動作認識、技判定を実現するシステム（富士通研究所・手塚耕一氏ら）が提案されています（図06-4）。

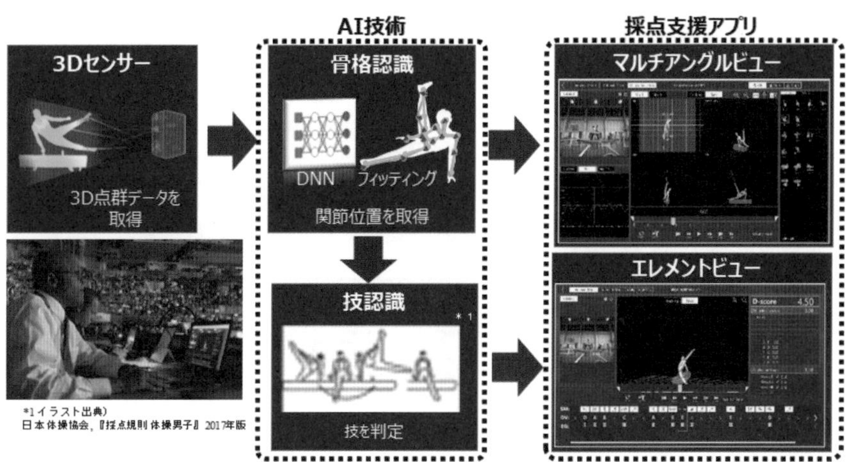

図 06-4　人物動作解析による体操採点支援システム［16］(写真提供：富士通研究所)

また，フィギュアスケートなど、採点基準が複雑な競技においても、画像処理技術を応用したトラッキングシステムがメディアコンテンツとして一部の試合で導入されています（図06-5）。このシステムはジャンプの高さ・水平距離・着氷後の速度をリプレイ映像とともに流すことで、選手の技量を客観的なデータで示しています。

このようなトラッキングシステムを採点支援として競技に導入することが議論されている様子が伺えますが、現状本システムは審判の判定の支援には用いられていません。一方、これらのトラッキングデータと審査員が実際に付けたジャンプの出来栄え点の関係性を分析する試みも行われています。

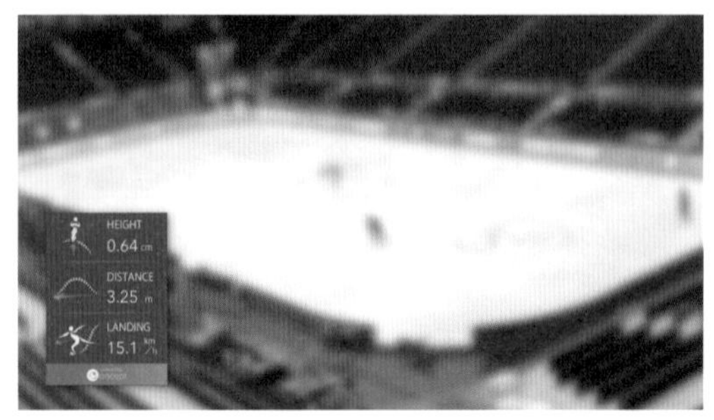

図 06-5　フィギュアスケートジャンプのトラッキングシステム
（写真提供：株式会社 Qoncept）

観戦者支援

スポーツ競技の躍動感・臨場感を視聴者に伝えるためのライブ中継・配信システムに、スポーツ映像解析の最先端技術を適用する試みも盛んに行われています。

「見えないものを可視化する」画像センシング事例として、"泳速"を可視化する**競泳解析**システムがあります。このシステムでは、画像処理に選手の位置を検出、追跡しながら泳速を算出し、CGにより放送映像に重畳表示することで、臨場感のある情報を視聴者に提示することを可能としています（図06-6）。

競技パフォーマンスに影響する競技者の心拍数を、カメラ映像のみから推定する**非接触バイタルセンシング**技術により、プレー中の選手の心拍数を推定、緊張感やストレス状態を視聴者に可視化して提示するシステムも実用化されています（図06-7）。カメラから取得された映像から、選手の血管の収縮によって生じる肌の色の微妙な変化をもとに心拍数を推定する技術です。すでにゴルフのショットやアーチェリーなどの競技で実際に用いられています。

これらの技術は、どれもリアルタイムで放送映像に付加的な情報を追加することで、スポーツの新たな観る楽しさと感動を与えうるものであり、今後も注目したい画像センシング技術です。

図 06-6　泳速を実時間表示する競泳解析システム

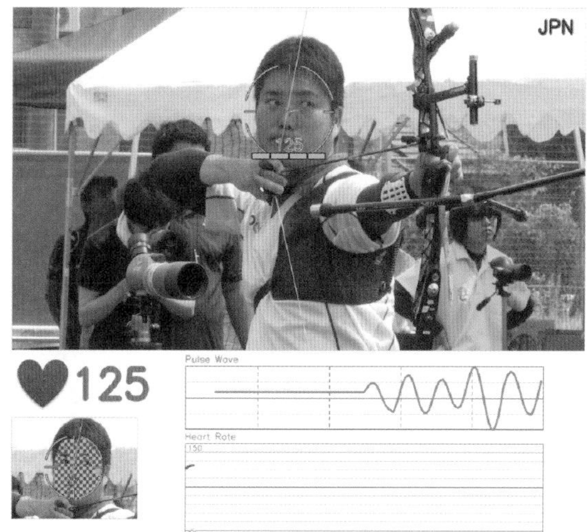

図 06-7　非接触バイタルセンシング技術（心拍数測定システム）
（写真提供：パナソニック）

まとめ

- 映像から人やボールの位置や動きを捉える画像技術は、競技・コーチング支援、判定支援、新たな情報提示などで活用されている。
- GPSや各種ウェアラブルセンサーと画像センシングを併用することで、スポーツにおける実利用の場が広がっていく。

07 農林水産・畜産・食品

近年一次産業の運営形態が大きく変わりつつあります。特に重要な点は、安定供給と品質保証で、そのためには育成環境や資源種を測る技術が不可欠であり、画像センシング技術はその中でも重要な役割を負っています。

水産業支援の概況

水産業は、水産物を自然の海域から捕獲する**漁業**と、**養殖業**に分類できます(ほかに加工業などを含めて大きく水産業と呼んでいます)。近年では、養殖業を主な対象として、水産資源種の状況を把握する研究開発が盛んに行われています。これらの一部はすでに実用化の段階に入っています。

養殖業では、その生産コストの中で給餌にかかるものが大きな割合を占めており、**給餌**の最適化は経営の健全化・頑健化にとって重要な課題です。ウミトロン株式会社は、生け簀中の水中カメラ映像を用いて養殖魚の動作を検出し、魚の食欲を推定することで最適な給餌を可能とする仕組みの開発を進めています。この技術は自動給餌装置と組み合わせることで、今まで人手で頼っていた給餌作業を自動化することが可能となり、省人省力化にも貢献しています。過度な給餌による残餌は、養殖海域の環境汚染の原因にもなっており、環境保全の観点からも意義深いと考えられます。

進む資源量調査技術の実用化

養殖魚の大きさや数の把握も重要な課題です。前者は日本水産株式会社(NECとの共同開発、図07-1)がすでに2019年から実用化しています。後者はNECやヤンマーグローバルエキスパート株式会社(図07-2)などが、画像センシング技術や深層学習技術を用いて開発を進めています。

自然の海域での漁業支援では、実用化されているものは養殖業ほど多くはありませんが、北海道立総合研究機構、熊本大学などの研究グループでは、地撒きホタテガイ漁業を対象として、資源量調査を支援する仕組みを開発し、実用化を進めています。この支援システムでは、得られた海底動画からのホタテガイ検出に加え、深層学習を利用することで海底の底質推定も実現しています。

世界的な**タンパク質クライシス**（Protein Crisis）が危惧される中、水産業にかかる期待は年々大きくなっています。水産物のさらなる安定供給に向けて、環境に頑健で、かつさまざまな水産資源種を対象とした画像計測技術の進展が期待されます。

図 07-1　**養殖魚の体長測定自動化ソリューション**（写真提供：日本水産株式会社／日本電気株式会社）

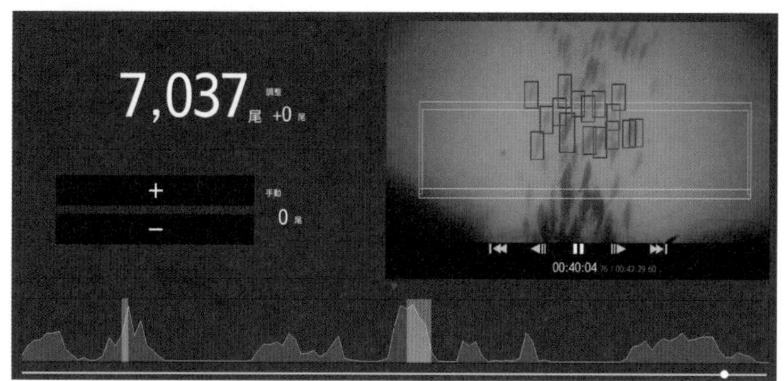

図 07-2　**養殖魚サイズの自動計測**（写真提供：ヤンマーグローバルエキスパート株式会社）

農業支援の概況

スマート農業の進展に伴い、農業の多くのシーンで画像計測技術の導入が盛んに進められています。代表的な事例としては、生育状況把握、害虫把握が挙げられます。農業では、果実や葉の色、大きさなど、可視光データから得られる情報も多いことから、画像センシング技術との親和性が高いことも研究開発が盛んな一因かと思います。なお、耕起や収穫などの農業ロボットの目としての利用も盛んです。

生育把握は、人の目で見回っていた従来の行為を代替するもの、と捉えることができます。果実の成熟度など、収穫物の今の状況を把握することに加えて、葉の数や大きさ、花芽の数などに温度、湿度、日射量などの環境情報を統合することで、収量予測を行う研究開発も盛んです。東日本電信電話株式会社、株式会社サラダボウルなどの研究グループは、収穫作業用台車に固定したスマートフォンからの画像を解析することで、トマトの収量予測を可能とする仕組みの研究開発を進めています（図07-3）。

図 07-3 トマト収穫量予測 [17]

広域場で活躍するドローンも

類似の研究開発は、イチゴや稲、リーフレタス、パプリカ、キャベツなど、多種に及んでいます。データ入力としてのカメラも、圃場（ぼじょう）や栽培方法によって、ネットワークカメラなどの定点カメラを用いるもの、スマートフォンなどのモバイルカメラを用いるもの、**ドローン**による空撮画像を用いるものなど、さまざまな試みが行われています。特に稲作に代表される屋外の広域な圃場で栽培される育種の場合は、ドローンの利用が盛んです。植生調査には、以前から可視光帯域と近赤外帯域を組み合わせたNDVI（Normalized Difference Vegetation Index：正規化差植生指数）が広く利用されていたこともあり、カメラも可視光カメラのみならず近赤外線カメラ、マルチスペクトルカメラの利用も盛んです。

害虫把握は、農薬散布の時期や量などに直接的に関係することから、農業現場では極めて重要な情報です。害虫把握の一般的な方法は、粘着捕虫シートを設置し、それを目視で観察することですが、このシートをスマートフォンのカメラなどで撮影し、画像処理技術を用いて害虫を自動抽出する技術の開発が進められています（図07-4）。また、上述した「栽培種の見回り」で得られた画像から害虫を抽出する技術の開発も盛んです。

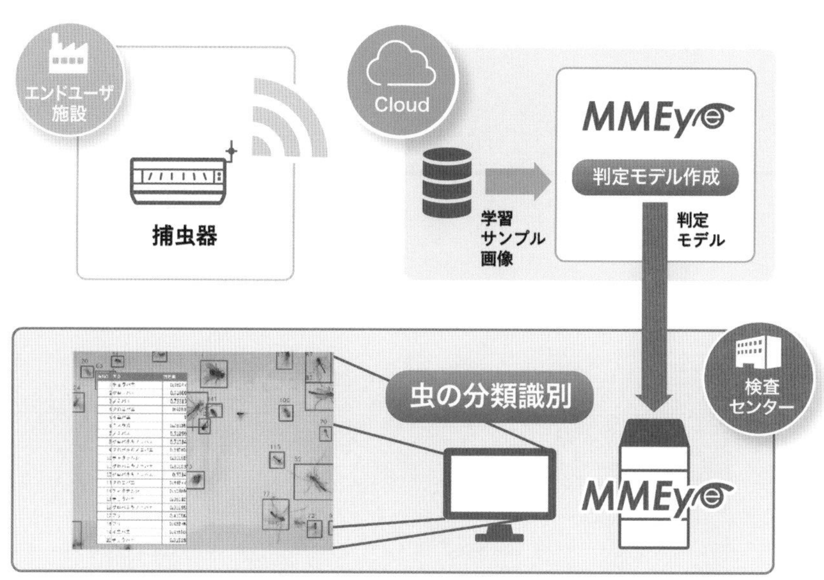

図07-4　捕虫器で捉えた虫の分類識別（資料提供：株式会社YEデジタル）

畜産業支援の概況

畜産の現場でも画像センシング技術の利用が進んでいます。家畜種の見守りのほか、体重推定などで利用されています。

見守りは、特に繁殖期において、発情の発見、分娩の状況など、把握が不可欠な情報が多数ありますが､一方で生産者にとって大きな負担となっています。これらを画像センシング技術によって支援し、生産者の負担軽減を目指す研究が行われています。ファーマーズサポート株式会社は、監視カメラとAI技術を用いて、牛の発情行動である乗駕行動を検知する発情検知システムを開発しています（図07-5）。また、類似のアプローチにて、分娩予兆検出システムも開発しています（図07-6）。ここでは、分娩時に独特の牛の起立姿勢、着座姿勢のほか、羊膜や生まれてくる子牛のひずめなどを検出することで、一連の分娩の状況を検出しています。

図 07-5　牛の発情検知システム（資料提供：ファーマーズサポート株式会社）

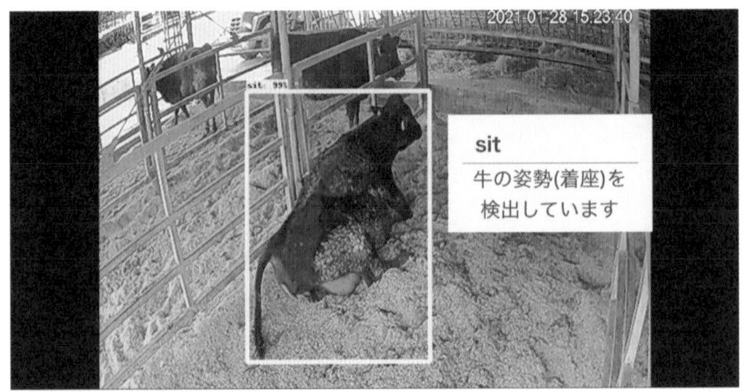

図 07-6　牛の分娩予兆検知システム（資料提供：ファーマーズサポート株式会社）

非接触で個体の体重測定も可能に

畜産種の体重測定は、各個体の育成管理に加え、出荷のための選別作業にも関係する重要な作業ですが、労務負荷が大きく省力化が望まれています。ロードセルを用いた**畜産用計量器**（豚衡機、牛衡機など）は、すでに商品化されているものも多く、畜産現場での重要なツールとなっていますが、「畜産種を機器設置場所に追い込む（移動させる/載せる）必要がある」「一頭一頭の計測に時間と手間がかかる」「汚れやほこりなどに対するメンテナンスが必要」などが課題となります。

これらに対して、画像センシング技術を用いて、非接触にて畜産種の体重推定を行う技術の開発が進められています。養豚を対象とした宮崎大学の研究が代表的な事例です。また、伊藤忠飼料とNTTテクノクロスは、専用の装置として、体重を推定可能な仕組みを開発しています（図07-7）。

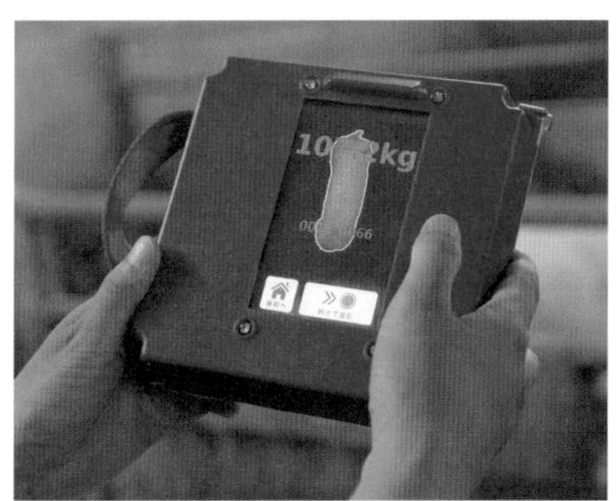

図 07-7　豚の体重を推定するシステム「デジタル目勘」
（写真提供：伊藤忠飼料株式会社、NTT テクノクロス株式会社）

まとめ

- さまざまな水産資源量の調査に画像センシングや深層学習技術が活用されている。
- 家畜種の見守りや体重推定など、畜産業の現場においても画像技術が活用されつつある。

08 環境計測・リモートセンシング

ここでは、近年の宇宙技術発達とともに利活用が進みつつある、リモートセンシング技術を取り上げ、計測の原理を理解し、国内外での技術活用、研究開発事例を紹介します。

リモートセンシング技術とは

リモートセンシング（Remote sensing）とは、「非接触センサーシステムが計測した電磁エネルギーをスペクトルとして読み込み、画像として解釈し、対象物や場について信頼性のある情報を得る技術」と定義されます。

非接触センサーとは、直接物体に触れることなく、熱、エネルギーなどの物理的刺激を計測し、パルスとして伝達する計測機器のことであり、能動型と受動型があります。能動型は自らエネルギーを発し跳ね返るエネルギーを計測するもので、**レーザー距離計**や**音波ソナー**がそれに当たります。受動型は物体表面から反射・放射される電磁エネルギーをスペクトルとして計測するものであり、**デジタルカメラ**や**サーモグラフィー**が代表的なものです。

陸域のリモートセンシング技術は、大きく分類すると、形状、色・温度、距離を計測する3つのシステムから構成されます。

■ リモートセンシング技術の分類

種類	概要
①可視赤外リモートセンシング	可視から熱赤外領域で反射・放射されたスペクトルを利用し、対象物の色・温度を計測する技術
②写真測量	可視領域で撮影された複数の写真の視差を利用し、対象物の形状を計測する技術
③合成開口レーダー（SAR）、ライダー（LiDAR）	マイクロ波、近赤外あるいは可視光で照射された信号が跳ね返るまでの時間を利用し、対象物までの距離を計測する技術

■リモートセンシングの歴史

年	出来事
1826	Joseph Niepce（仏）が人類最初の写真撮影を行う
1858	Gaspard Tournachon（仏）が気球から写真撮影を行う
1913	航空写真撮影開始
1935	レーダー計測の発明
1942	Kodak社がカラーフィルムの特許を取得
1950	航空機搭載熱スキャナが開発される
1957	合成開口レーダー計測が発明される
1962	Corona衛星シリーズが運用開始
1972	ERTS-1（後のLandsat）運用開始、衛星時代の到来
1999	1m解像度の衛星IKONOS運用開始
2006	Google Earth開始
2018	大型無人航空機（UAV）、小型衛星技術の開発、ビッグデータ時代の到来

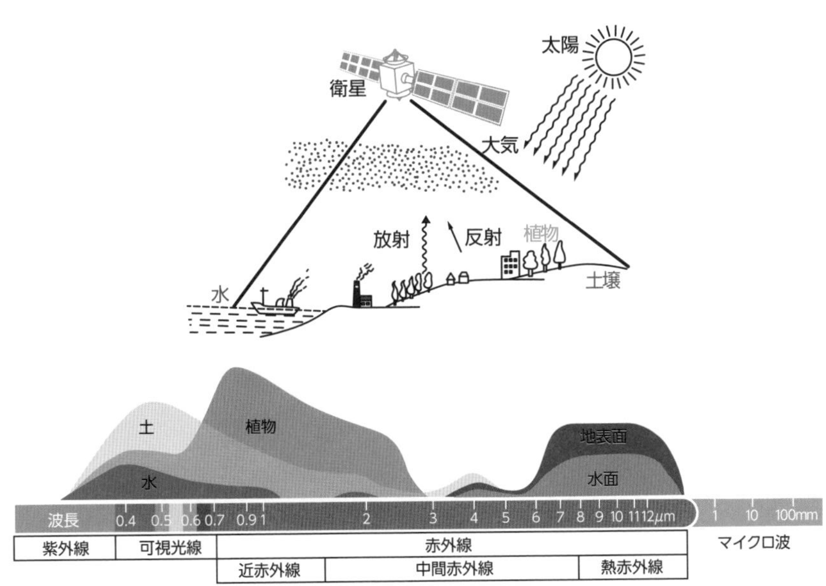

図 08-1　宇宙からのリモートセンシングの概念図
出典：JAXA EORC の資料をもとに改変

リモートセンシングの時間・スペクトル・空間分解能

リモートセンシングは、**衛星**や**大型無人航空機**（UAV）などの撮影プラットフォームから、可視から熱赤外領域で反射・放射されたスペクトルを利用し、対象物の色・温度を計測する技術であり、地球環境変動や生態系の観測に活用されています（図08-1）。例えば、図08-2は東大駒場キャンパス周辺の航空写真と衛星画像を比較したものです。航空機から衛星へ、モノクロ画像からカラー画像へ、空間解像度分解能も格段に向上した撮像が可能になりました。キャンパス内の建物、樹木、グラウンドなどが目視でも識別できます。

現在世界最高解像度は、米国のGeoeye衛星で、700km上空から30cmの物体を認識することができます。すなわち東京から望遠鏡で覗くと大阪の人間の存在がわかることになります。こうした衛星画像は、Google Earthをはじめとして時系列変動を簡単に可視化できるサービスがウェブ上に充実しています。一方で、ビジネス利用するうえでセキュリティやプライバシーの問題が指摘されるようになってきたため、我が国では2016年にリモートセンシング法が成立しています。

図08-2　東大駒場キャンパス周辺の航空写真と衛星画像の比較

写真測量による3次元計測

写真測量とは、可視領域で撮影された複数の写真の視差を利用し、対象物の形状を計測する技術のことです。1950年ごろから長らく航空機搭載型のカメラから撮影した手法が主要な地位を占めてきましたが、JAXAが2006年に打ち上げた衛星搭載トリプレットセンサーALOS/PRISMが世界の常識を覆しました。

図08-3に示すように、ALOS/PRISMの直下画像ではビルの屋上が見えていますが、前方、後方画像ではビルの側面が観察できます。衛星とカメラの位置と姿勢が正確にわかれば、ステレオ視の原理で建物、地盤の高さを推定することができます。JAXAは100万枚以上取得されたPRISM画像を膨大な時間をかけて全球処理を行い、世界最高解像度5mのデータをAW3Dとして作成し、2015年から販売(30m解像度は無料)しています。こうして作成された地形データ(Digital Elevation Model：DEM)は、洪水氾濫解析、森林バイオマス量推定、地盤工学的な解析など、多種多様にわたる利用が始まっています。

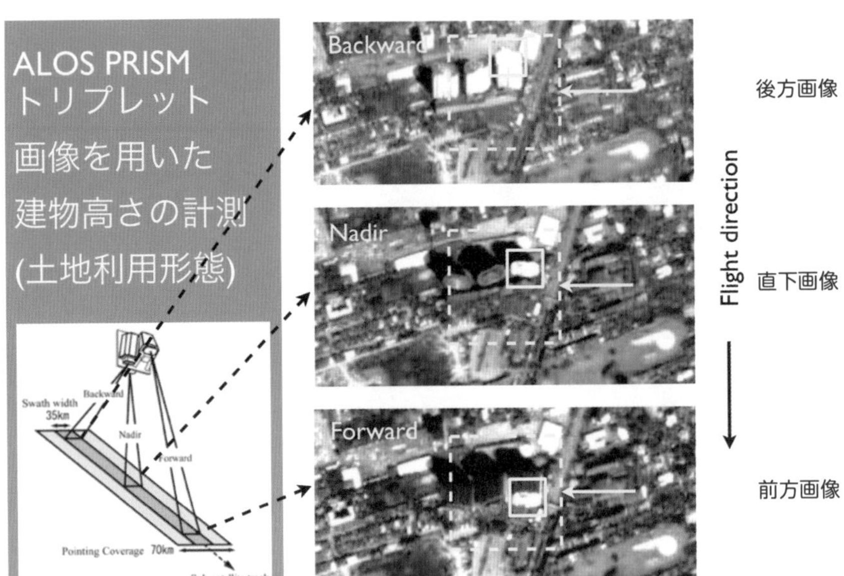

図 08-3　ALOS/PRISMを用いた衛星からの立体撮影
© 東京大学／JAXA

画像データから社会・経済情報への変換

衛星リモートセンシングは、スペクトルの情報を定期的かつ均質に取得できるため、森林や農地など季節変化を伴う地物の判別を行う点で有利です。季節変化を捉えた複数の画像から、画素ごとに可視近赤外スペクトルの時系列変動をモデル化し、類型化する作業のことを**土地被覆分類**と呼んでいます。

1970年代以来の蓄積がある衛星画像を大規模に処理することにより、経年変化を追うことができます。例えば、図08-4は、ミャンマー国ヤンゴン市の土地利用の変化を表しています。1973年から2015年のおよそ42年間で人口はおよそ190万人から460万人の2.4倍になりましたが、人口の増加とともに都市域（Urban）の面積がおよそ2.5倍になっていることがわかります。

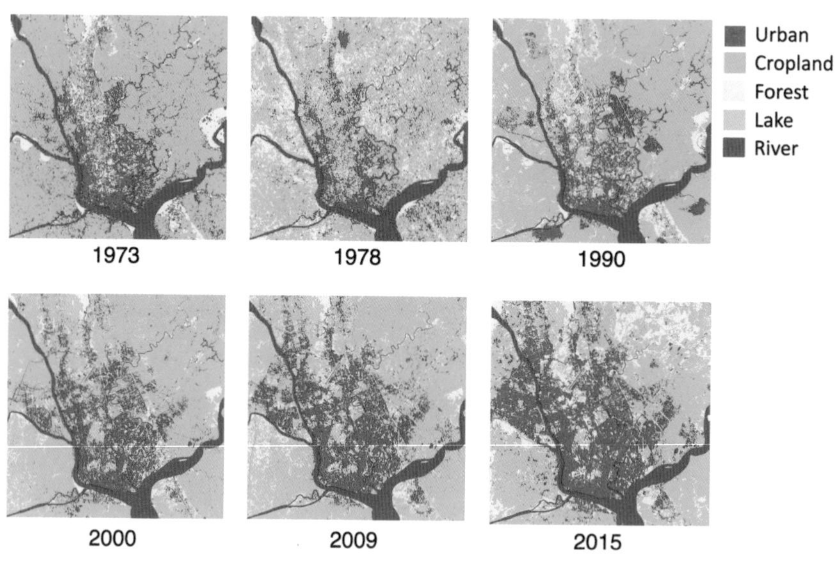

図08-4　ミャンマー国ヤンゴン市の土地利用の変化

昼間の計測では太陽光が光源となり反射エネルギーが増加するため、Landsatや航空写真などGoogle Earthで目にするような画像を取得することができますが、夜間は光源がないため、放射エネルギーのみが観測されることになります。例えば、図08-5は米国VIIRS/DNBによる**夜間光**の観測データを示していますが、ビル、街灯、自動車、漁船、林野火災、ガス田開発など人間活動によって発せられる微小な光を観測する特殊なセンサーも存在します。

夜間光データは、GDP、人口、電力消費、エネルギー消費、道路総延長距離、自動車総保有台数などの社会経済指標と相関があることが知られています。データ取得の網羅性、調査頻度の低さ、途上国などにおけるデータの信憑性、統計調査の費用面・時間面の問題から、統計調査に代わる方法として衛星からの夜間光観測への期待が高まっています。

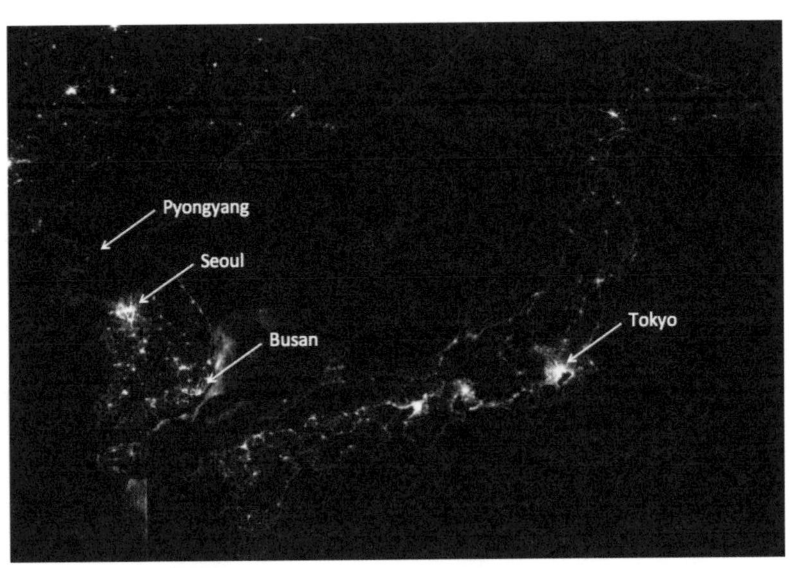

図08-5　米国VIIRS/DNBによる夜間光の観測と社会経済指標との関連

© 東京大学／NOAA

まとめ

- **リモートセンシングは、非接触で電磁エネルギーをスペクトルとして計測、画像化し、対象物について情報を得る技術で、色・温度を計測する可視赤外リモートセンシング、形状を計測する写真測量、距離を計測する合成開口レーダーなどがある。**

1 傷の『KIZKI』アルゴリズム、万能検査機の風雲児

画像処理とマシンビジョンの中心に画像検査（Image Inspection）技術があります。これは今どきの機械学習技術の「異常検知」の課題と同じです。そのテーマは、相手が何であっても対応できる、すなわち画面中ないし画像間の異変（saliency）に気付ける万能（plulipotent）技術を開発することです。『KIZKI』はそのような意図で開発されて注目され始めています。

図Aがその性能を説明しています。その発生位置、サイズやその濃淡の性状の違う多様なキズを1つのアルゴリズムで一挙に検出できます。確かにキズの多様性に対して万能性を発揮できる風雲児的技術となり得ています。

『KIZKI』の基本演算は至ってシンプルです。局所格子の近傍コントラストが顕著かどうかをセンシングします。この格子のサイズを密から粗に向かって変動させる操作に加えて、この操作の開始位置（位相）を好きなだけ変動させます。この解像度と位相の総当たり的な二重ループが、多様な性状のキズに対してアベレージヒッター的、またはオールラウンダー的に万能性を生み出すのです。

なお、この万能検査機『KIZKI』の詳細は、例えば以下の原著論文がわかりやすいです。

『青木公也, 舟橋琢磨, 輿水大和, 三和田靖彦：周辺視と固視微動に学ぶ「傷の気付き」アルゴリズム、精密工学会誌、79巻(2013) 11号』

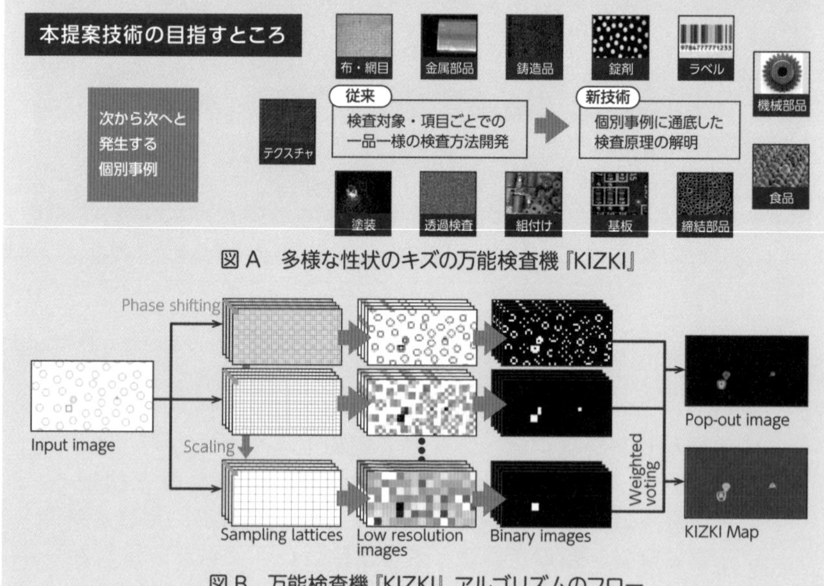

図A　多様な性状のキズの万能検査機『KIZKI』

図B　万能検査機『KIZKI』アルゴリズムのフロー

2章 画像センシングのキホン
～センサーから画像処理まで～

ここからは、第1章で紹介したような画像センシングシステムを構成するさまざまな要素や技術について、基本から解説していきます。画像処理は多種多様な機能を提供できますが、目的を達成するうえでできるだけ処理しやすい画像をあらかじめ取得することはとても重要です。本章では、センサーや照明などを含む画像入力と、デジタル画像データの構成、さらには画像処理の基本的事項について、丁寧に解説します。

09 画像処理と流れ

ここでは、画像処理システムの基本構成と、画像処理の目的、処理の流れについて解説します。画像処理には、より良い画像を得るためのもの、意味を抽出するためのものがあり、社会システムに組み込まれています。

画像処理の2つの目的

ここでは、カメラで撮影して得られた画像をさまざまな目的に応じて処理する、**画像処理**の基礎について説明します。

まず、一口に画像処理といっても、その種類と目的は多種多様です。スマートフォンやデジタルカメラの普及により、誰もが簡単に画像を撮影できるようになった現在、最も一般的な画像処理は、画質改善や画像加工かもしれません。撮影した画像の画質を改善したり、自分の好みな色味に変換したりといった処理が、スマートフォンのアプリケーション上で誰でも簡単にできるようになっています。これらの画像処理は、「入力は画像、処理結果の出力も画像」となりますので、目的に応じて所望の画像が得られるような処理を選択して適用します（図09-1）。

一方で、そこから画像中の文字や物体、人物の顔などを認識する画像処理は、「入力は画像、出力は文字や物体などのラベル情報」となります。これは、画像や映像の中からシーン中に含まれる意味内容を抽出するような処理となります（図09-2）。

以前は、これらの画像処理は目的に応じてさまざまな技法が職人芸的に使用されて行われていましたが、昨今の深層学習を代表とする画像AI技術の進歩により、ユーザが特別な画像処理の知識を持たずとも、簡単な操作のみで目的を達成できるようなアプリケーションやシステムが増え、画像処理システムの社会実装が加速しています。

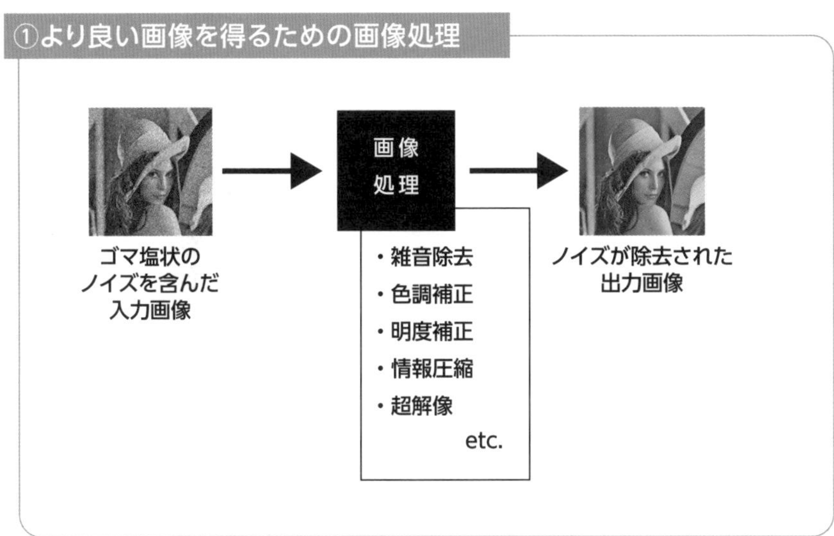

図 09-1 「より良い画像を得る」画像処理

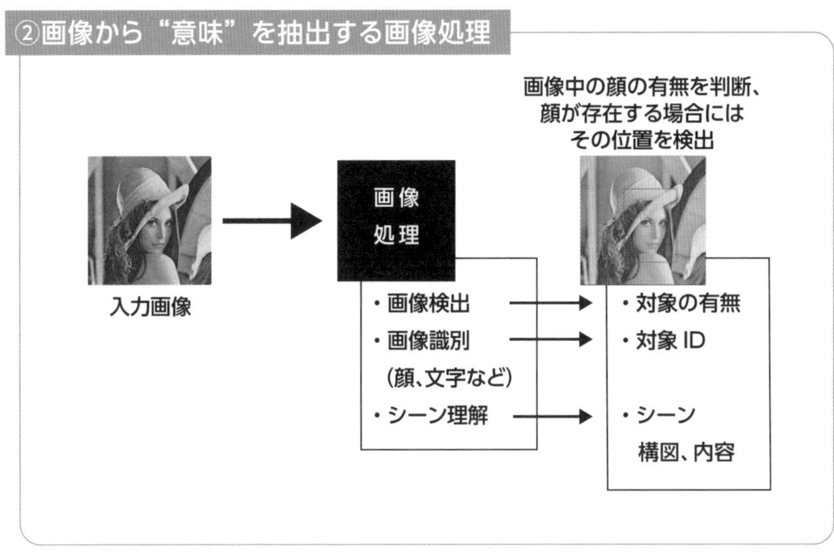

図 09-2 「画像から“意味”を抽出する」画像処理

画像処理システムの基本構成

画像処理システムの基本構成を図09-3に示します。画像処理システムは、画像をコンピューターに入力するために必要な処理を行う**画像入力部**、得られた画像を目的に応じて処理する**画像処理部**、処理結果のデータを出力して表示するための**画像出力部**から構成されます。

画像入力部では、画像撮像装置で得た明るさや色の情報を撮像センサーで捉え、デジタルデータに変換します。コンピューターにアナログ信号を取り込む場合には、連続的な信号データを、適当な間隔で取り出して、離散的な信号にする手続き（離散化）が必要です。

画像のデジタル化においては、空間的な信号の離散化（標本化）と明るさの離散化（量子化）が行われます。また、画像入力部内でも必要に応じて色味の調整やデータの圧縮処理などが行われることがあります。

画像処理部では、デジタル演算可能な計算機を用いてさまざまな画像処理が実行されます。最近のコンピューターの性能向上により、一般的なコンピューターでも画像や映像処理を実行することが多いですが、計算機のCPUのみでは処理性能が不足する場合、より画像処理に特化した高速演算を可能とするGPUや、専用のLSIが用いられることもあります。CPU（中央演算処理装置）は、パソコンやスマホの頭脳としての役割を担っています。GPU（画像処理装置）は画像を高速に処理したり描画したりすることができます。LSI（大規模集積回路）は、集積度の高い複雑な回路をおさめたハードウェアで、特定の処理に特化した高速演算を可能とします。

画像出力部では、画像処理結果を可視化するための処理が行われます。例えば、ディスプレイなどの画像表示装置、プリンタなどの印刷装置などがあります。この際にも、それぞれのハードウェアの特性に合わせた濃淡変換や色味の調整などが行われます。

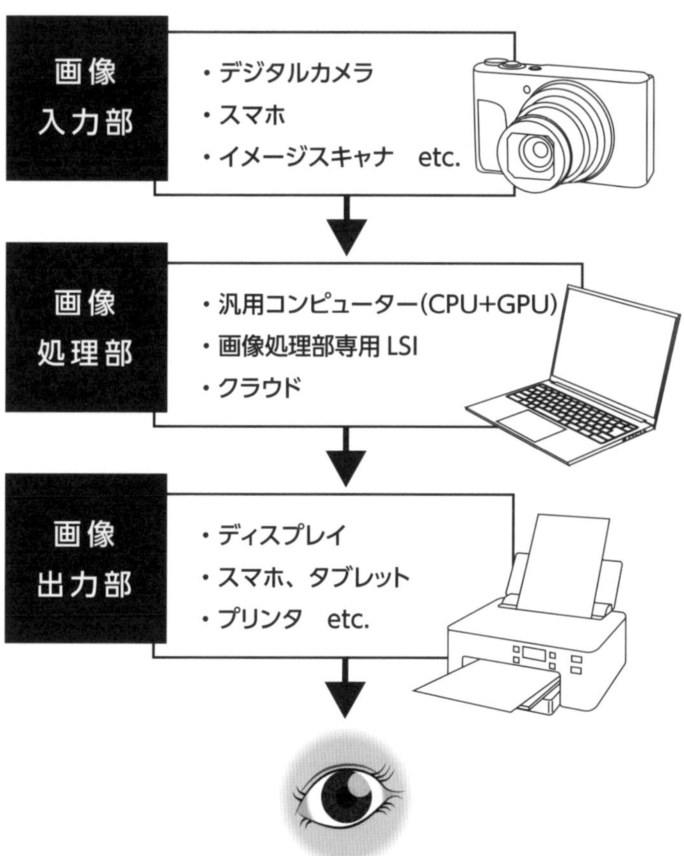

図 09-3　画像処理システムの基本的な構成

まとめ

- 画像処理には、画像補正など画質改善のためのものと、画像認識などの意味抽出のためのものがある。
- 画像処理システムは、画像入力部、画像処理部、画像出力部から構成されるのが基本である。

10 デジタルカメラと画像ファイル形式

デジタルカメラは高性能化と小型化が進み、現在ではスマートフォンから自動販売機まで、さまざまなシステムに組み込まれています。ここでは、デジタルカメラの歴史と基礎知識について説明します。

デジタルカメラ

かつて写真（静止画）の撮影はフィルムを用いたカメラが使われていました。しかしその場で確認できる液晶パネルを搭載したカシオ社製QV-10の登場により民生品**デジタルカメラ**の普及が一気に加速し、およそ5年でデジタルカメラの出荷台数がフィルムカメラを追い抜き、今ではカメラといえばデジタルカメラを指す認識になっています。

レンズが交換可能なカメラについてもやや遅れたものの小型化と価格競争が進み、いわゆるデジタル一眼レフカメラ（DSLR Camera：Digital Single Lens Reflex Camera）が主流となりました。デジタルカメラも35mmフィルムのその名残から36mm×24mmサイズの撮像素子をフルサイズと称しています。その後、レンズが交換可能なカメラで光学式ファインダーをデジタル方式に置き換えた、**ミラーレスカメラ**が主流となっています。

一方で、携帯電話の"写メ"から始まったモバイルデバイスによる撮影は、撮像素子の高精細化と高機能なプロセッサを搭載したスマートフォンの普及により、高品質な画像や動画の撮影が可能となりました。その影響もあり、デジタルカメラの市場は縮小傾向にあり、レンズ一体型デジタルカメラのユーザのスマートフォンへの乗り換えや、デジタル一眼レフカメラからミラーレスカメラへの転換が進んでいます。

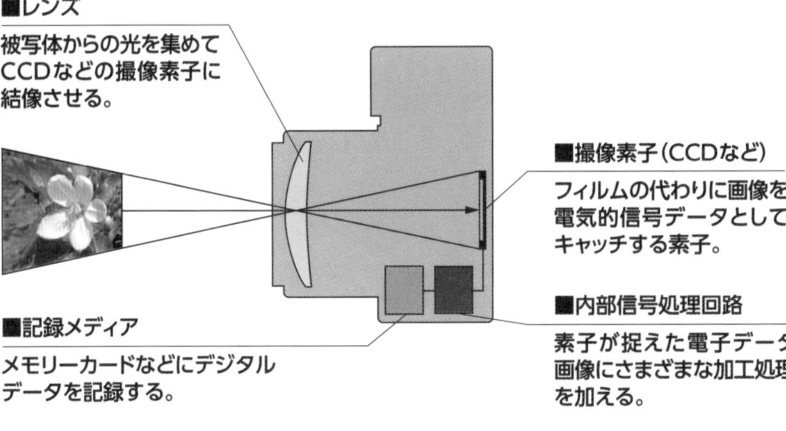
■レンズ
被写体からの光を集めてCCDなどの撮像素子に結像させる。
■撮像素子（CCDなど）
フィルムの代わりに画像を電気的信号データとしてキャッチする素子。
■内部信号処理回路
素子が捉えた電子データ画像にさまざまな加工処理を加える。
■記録メディア
メモリーカードなどにデジタルデータを記録する。

図 10-1　デジタルカメラのデータの仕組み

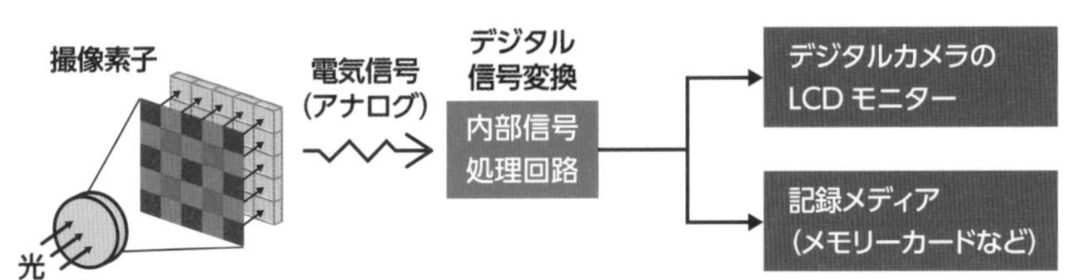
撮像素子
光
電気信号
（アナログ）
デジタル
信号変換
内部信号
処理回路
デジタルカメラの
LCD モニター
記録メディア
（メモリーカードなど）

図 10-2　デジタルカメラのデータの流れ

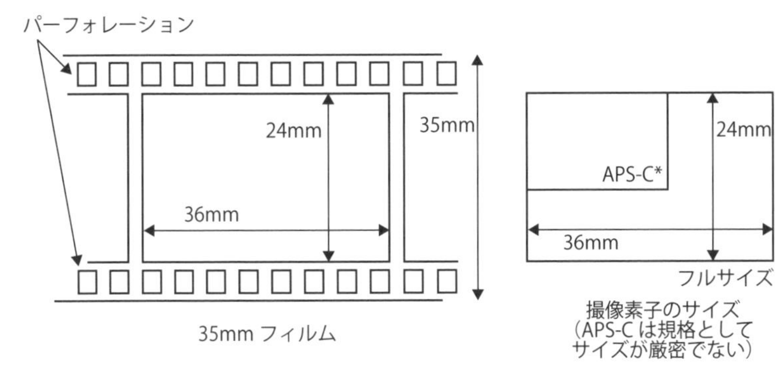
パーフォレーション
24mm
35mm
36mm
35mm フィルム
APS-C*
24mm
36mm
フルサイズ
撮像素子のサイズ
（APS-C は規格として
サイズが厳密でない）

図 10-3　フィルムと撮像素子のサイズ

Cマウント・CSマウントカメラ

レンズ交換式のカメラの多くはレンズを容易に脱着できます。古くはレンズを回転させてねじ込み装着するスクリューマウントでしたが、光学的な互換性やカメラ本体とレンズを電気的に接続する必要性などから、接合機構であるレンズマウントの方式がメーカーによって定められました。このレンズマウントと撮像素子との距離を**フランジバック**と呼びます。

現在もなおスクリューマウントを採用している方式として、**Cマウント**と**CSマウント**があります。どちらも頻繁にレンズを交換しない監視や産業分野で使用されており、フランジバックはそれぞれ17.526mm、12.5mmで、CSマウントはより小さな撮像素子を持つカメラに採用されています。

両者はネジのピッチ・口径は同じで装着は可能ですが、フランジバックが異なるため正しい組み合わせを用いないと意図した像が得られません。フランジバックを長くする接写リングを装着すれば、CSマウントカメラでCマウントレンズは利用可能ですが、CマウントカメラでCSマウントレンズは使用できません。

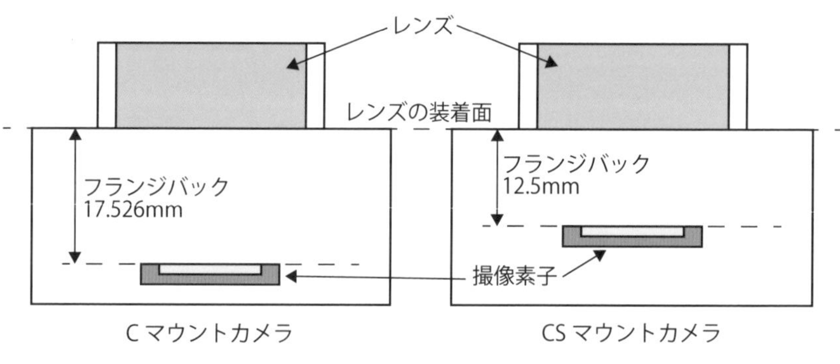

図10-4　Cマウント・CSマウントカメラ

ビデオカメラ

ビデオカメラは高画質を必要とする放送用・業務用においては入射光をダイクロイックプリズムで光の三原色の赤、緑、青に分離したうえで、各色専用の撮像素子で撮影する三板式がほとんどです。構造は大きくなりがちですが、プロセッサの高性能化や記録媒体がテープからフラッシュメモリへ置き換わったこと、省電力化などにより全体としては小型・軽量化が進んでいます。また、民生品での動画の撮影といえば撮像素子が1つのやや小型のビデオカメラが用いられてきましたが、今ではスマートフォンでの撮影が圧倒的多数といえます。

スマートフォンによる撮影は、鑑賞が目的であるため、撮影時にレンズ歪み、コントラスト調整や強調処理といった補正や、ヒトの撮影に特化した色変換、手ぶれ補正、動画像の場合にはフレーム間のスタビライジング加工までされる場合があります。計測のためにこれらのカメラを利用する場合には、自動で加えられる処理を考慮する必要があります。

カメラのIF（インターフェイス）

カメラとPCとの接続**UVC**（USB Video Class）規格に基づいて動作するいわゆるWebカメラや、FA用途で使用される**USB3 Vision**、**GigE Vision**、**CameraLink**、**MIPI CSI-2**といった規格があります。UVC規格は主要なOSですぐに使えますが汎用的なドライバーで駆動されるので性能を十分に引き出せない場合もあります。USB3 Vision、GigE Vision、CameraLink、MIPI CSI-2などに対応したカメラは、高速なデータ伝送とカメラの制御を併せ持つ方式であり、CameraLinkやMIPI CSI-2については専用のIFが必要となります。

	汎用IF USB3 Vision	汎用IF GigE Vision	フレームグラバ必要 CameraLink	専用IF必要 MIPI CSI-2
規格団体 初版リリース	AIA 2013年1月	AIA 2006年5月	AIA 2010年10月	MIPI Aliance 2005年
最大転送速度	5Gbps (3.0) 10Gbps (3.1Gen2)	0.92Gbps (1GigE) 1.84Gbps (Dual-GigE) 2.5G (Nbase-T) 5G (Nbase-T) 8.8G (10GigE)	6.8Gbps (80bit Full-2cablel)	6Gbps (D-PHYv1.1, 1.5Gbps /Laneで4Laneの場合) 10Gbps (D-PHYv1.2, 2.5Gbps /Laneで4Laneの場合)
ケーブル長	～5m	～5000m	～15m	～30cm
外部制御	・カメラへの直接接続	・カメラへの直接接続 ・NICトリガー制御(ToE)	・フレームグラバ経由 ・カメラへの直接接続	・カメラへの直接接続 (I2Cのサブセットで あるCCIを含む)
電源供給	○	△ (PoE使用時)	△ (PoE使用時)	○

図 10-5　デジタルカメラのインターフェイス比較［18］

画像のファイル形式／JPEG方式

カメラで画像を保存する場合、**JPEG形式**またはRAW形式が用いられます。

JPEG形式はデジタルカメラでの記録方式のデファクトスタンダードであり、圧縮率が調整可能な非可逆圧縮形式として利用されています。画像を8×8画素の小領域に分割し、各領域が図10-6のパターンをどのように組み合わせて再現できるか求めます。この際、同図の右下の細かい模様は多少欠落してもヒトは気付きにくいので、これらの情報を粗くして高い圧縮率を実現しています。

JPEG形式のチャネルはRed、Green、Blueではなく輝度Yと、色差Cb、Crの3チャネルで構成されるのが一般的です。ヒトは明るさの変化には敏感ですが色の変化については鈍感という特徴を利用し、色差の情報について水平方向のみ間引いた4：2：2方式や、水平垂直方向に間引いた4：2：0方式が利用される場合が多く、さらに高い圧縮率となります。

色差の情報を間引かない4：4：4方式のJPEG画像も存在しますが、高画質が必要な場合はRAW画像がありますので、あまり利用されません。以上の理由から、画像処理において画素単位での評価が必要な場合にJPEG形式はお勧めできません。無圧縮が選択可能なBMP、TIFF形式で保存する手段もありますが4K、8Kとなった現在では現実的な解とはいえません。可逆圧縮形式としてはPNG、TIFF、BMPなどがあり、比較的新しくシェアも高く、16bitグレースケールでの保存も可能な**PNG形式**が無難といえます。

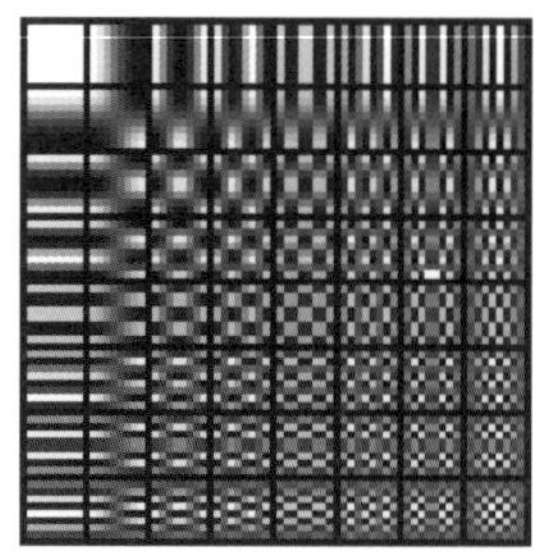

図10-6　JPEG形式での圧縮に使用される8×8のパターン [19]

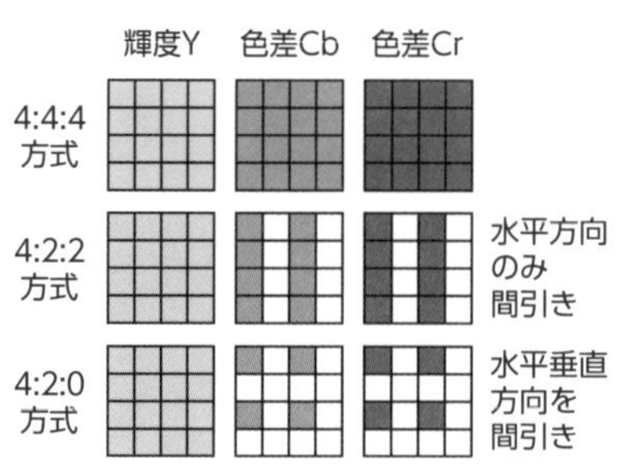

図10-7　JPEG形式 色差信号の空間間引き

画像のファイル形式／RAW形式

RAW形式は撮像素子のデータを直接保存し、PC上で現像処理を施す想定で各画素12〜14bitのデータとして記録されるため、データを劣化させずに保存できます。RAWの名前のとおり生データとなるため、カラーフィルタによる仮想ピクセルのデモザイキングやノイズ除去処理、ホワイトバランスなどの処理が加わる前の状態であり、メーカーの用意した専用現像ソフトによってカメラで撮影したものと同等の出力が得られます。

RAW形式はJPEG画像より多いbit深度で記録されるため、計測という点からは魅力的で、各メーカー独自のフォーマットで記録される場合がほとんどです。規格化されたDNG形式で記録可能なカメラもありますがDNGを利用するとファイルサイズが大きくなる場合もあります。なお、メーカー各社のRAW形式についてはオープンソースソフトウェアにより読み込める場合もありますが、フォーマットの仕様が更新された場合には対応を待つか、自作で貢献する必要があります。

以上の理由から研究・開発においてカメラで撮影する場合には、用途に合ったフォーマットの選択についてあらかじめ調査が必要でしょう。

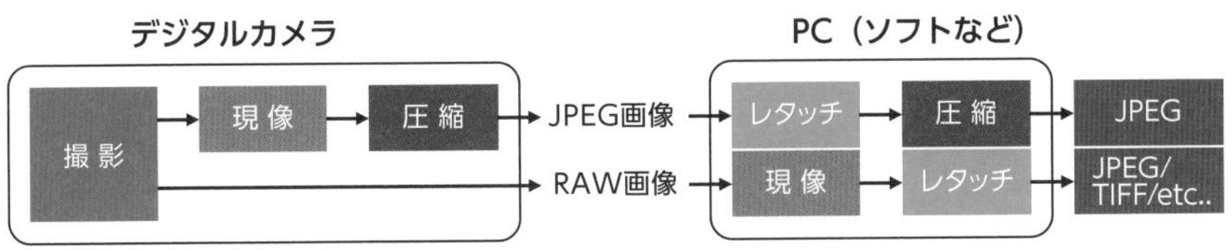

図10-8 JPEG形式とRAW形式

まとめ

- **デジタルカメラは、レンズ、撮像素子、信号処理回路、記録メディアなどから構成されている。**
- **デジタルカメラの画像ファイル形式は、JPEGやRAWなど、さまざまなものが用途に応じて活用される。**

11 イメージセンサー

イメージセンサーは、レンズで集光した光信号を電気信号に変換し、画像情報として記録する大変重要な役割を担っています。ここでは、イメージセンサーの基礎知識と撮像方式について説明します。

半導体イメージセンサーとCCDセンサー

映像を電気信号として扱うデバイスは、半導体プロセスの高密度化が進むにつれて電子ビームの走査を利用するものから、固体撮像素子である**CCDイメージセンサー**を用いたものに置き換わり、さらには**CMOSイメージセンサー**へと置き換わっています。CCDイメージセンサーやCMOSイメージセンサーはどちらもフォトダイオードで光の量を測っていますが、読み取り方式が異なります。

CCDイメージセンサーは構造が複雑なものの、各画素のフォトダイオードの出力をバケツリレー方式で転送するので、暗流が少ない、グローバルシャッターが利用可能、電気信号の変化を強調する増幅器が出口に1つで、画素単位の特性のばらつきが少ないといった利点から長らく主流でしたが、CMOSイメージセンサーの高性能化によりその座を明け渡しています。

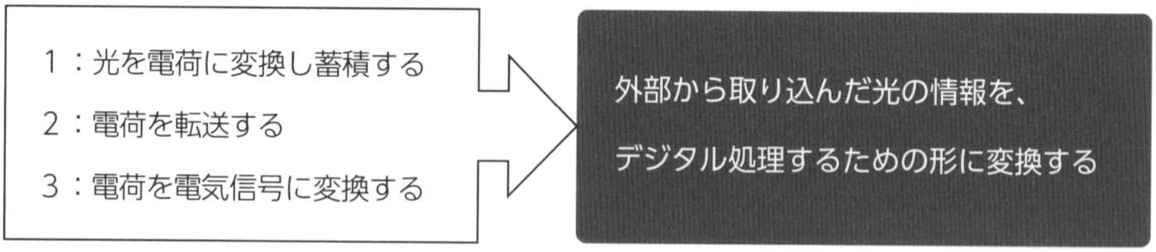

1：光を電荷に変換し蓄積する
2：電荷を転送する
3：電荷を電気信号に変換する

→ 外部から取り込んだ光の情報を、デジタル処理するための形に変換する

図 11-1　イメージセンサーの役割

CMOSイメージセンサー

CMOSイメージセンサーは、増幅器や出力するか否かを制御するゲートを画素ごとに搭載する方式で、登場した当初から消費電力の少なさが利点でしたが、1画素あたりの受光面積が小さくなりがちで暗所での撮影には向かず、かつ1画素ごとに増幅器の特性が異なりノイズが多いといった問題もありました。

また、撮影の際はゲートを順次オンオフするため、画素間の撮影のタイミングが同時ではなく、ローリングシャッターと呼ばれる現象も発生しました。現在では製造プロセスの容易さから高度なノイズ除去処理や、1画素ごとにメモリを搭載したものも開発されており、これらの欠点は克服されたといえるでしょう。

CCDイメージセンサーでは、すべてのフォトダイオードの電荷が垂直転送CCDに移され、その後水平転送CCDにより1行ずつ出力されます。

CMOSイメージセンサーでは、行・列選択回路で出力するフォトダイオードを1つずつ指定します（図11-2）。

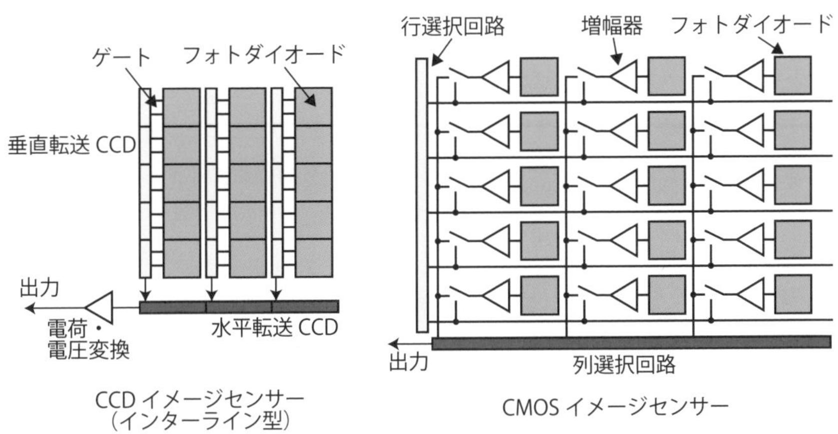

図 11-2　CCD と CMOS の仕組み

色の記録方式／単板式と三板式

カメラには撮像素子の枚数により色を記録する方式が異なり、1枚で撮影するものは**単板式**、3枚で撮影するものは**三板式**と呼びます。三板式はカメラに入射した光をプリズムにより赤、青、緑の光の三原色に分離して、それぞれを3枚の撮像素子で撮影します。そのため、3枚の撮像素子の同一座標の濃度値がカラー画像を構成する濃度値になります。ただし、光学的な機構と3枚の撮像素子が必要となりますのでカメラは大型になり消費電力も多くなります。

単板式はプリズムを使いません。色情報を得るためには光の三原色が必要ですが、撮像素子に3色のカラーフィルタを規則正しく配置して近傍の各色情報から画像を構成する方法で、なかでもベイヤー配置が有名です。厳密には場所がずれていますが、撮影対象に比べて撮像素子の1画素が十分小さいと考えて、撮像素子の2×2の4画素に緑（対角線に2つ）、赤、青のフィルタを被せ、1つの仮想画素として扱います。そのため撮像素子RAW形式での画像データを見ると、フィルタに対応した色情報が並ぶ1チャネルのデータになっています。

方式の特徴と使い方

仮想画素では、存在しない色成分を補間する**デモザイキング**処理を施して、仮想ピクセルのカラー情報を算出し、カラー画像を再構成しています。したがって、単板式のカメラでのカラー画像の撮影は補間値が使用されている点に留意する必要があるでしょう。特にLEDのような小さな光源を含む画像や、細かい模様を撮影した場合には現実には存在しない滲みが画像上に発生します。これを偽色と呼びます。単板式の構造上、偽色の発生は避けられないため、光学的にぼかす対策がとられる場合があります。単板式ではカラーフィルタを除いて撮影できませんので、処理において色情報が不要な場合には、偽色の問題が発生しないグレースケール撮影専用のカメラの利用をお勧めします。

変わった方式としてはFoveonに代表される**多層式**の撮像素子があります。1画素について青、緑、赤の順で縦方向にセンサーを重ねたもので、理論上偽色が発生しませんが、シリコンの波長特性を利用しており光の三原色の分離が明確に行われないため、ベイヤー配置とは別の演算処理を要します。

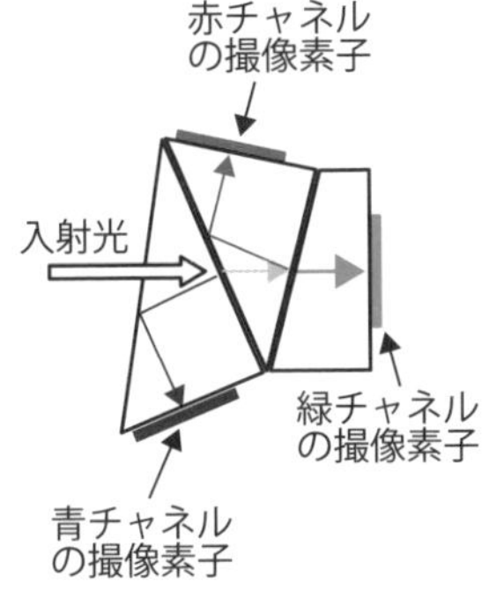

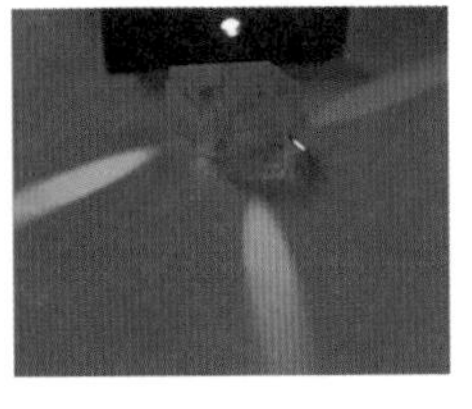

図 11-3　三板式での入射光の分離

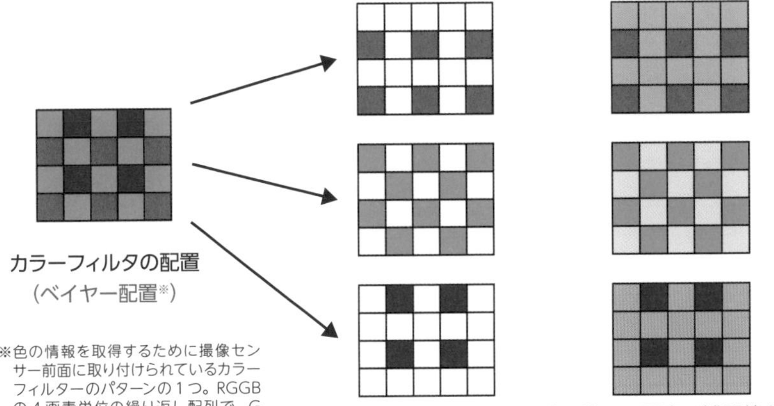

※色の情報を取得するために撮像センサー前面に取り付けられているカラーフィルターのパターンの1つ。RGGBの4画素単位の繰り返し配列で、G（緑）がR（赤）、B（青）より多い。

図 11-4　単板式でのカラーフィルタと画素の関係

まとめ

- イメージセンサーはレンズで集光した光信号を電気信号に変換し、画像情報として記録する。かつては、CCDが主流であったが、現在ではより省電力なCMOSが主流である。
- 色を記録する方式には、撮像素子の枚数により単板式と三板式がある。

12 光学系

カメラシステムにおいて、レンズ（光学系）は周囲の光線情報を集める役割を担っています。ここでは、カメラの原理でベースとなっているモデルのピンホールカメラ、光学系の基礎知識を説明します。

ピンホールカメラと透視投影

カメラの原理でベースとなるモデルは**ピンホールカメラ**と呼ばれ、名前のとおり、小さい穴から入ってきた光が画像面に当たるとき、穴が十分小さければ画像面の1点は空間中の1点に対応することを利用して光をフィルムあるいは撮像素子を使って記録します。画像面の大きさを変えずに穴に近づけた場合には広い範囲が映り、遠ざけると狭い範囲が映ります。これがいわゆるズームレンズの効果で、穴と画像面の距離を焦点距離と呼び、焦点距離が短いほど広角な像が映せ、長いほど狭角な像になります。

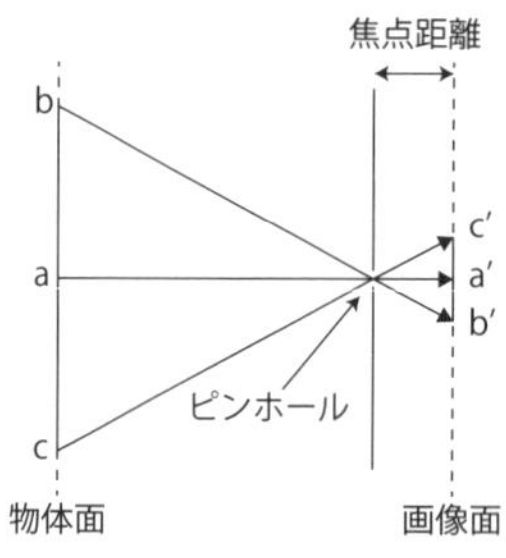

図12-1　ピンホールカメラ

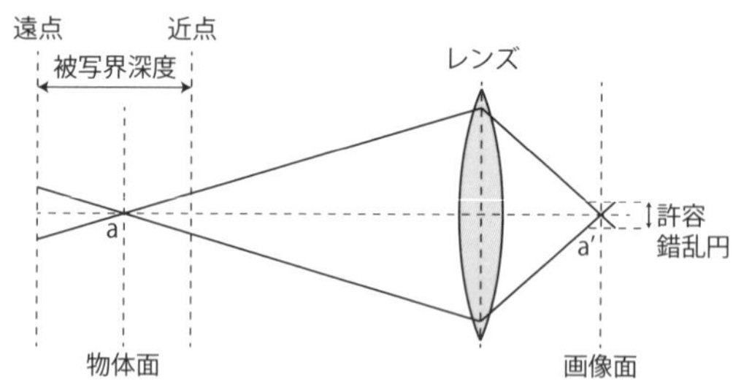

図12-2　レンズで結像させた場合

ピンホールカメラでは図12-1のa点とa' 点、b点とb' 点、c点とc' 点のようにそれぞれ画像の1画素に空間中の1点が1対1で対応している状態ですが、小さい穴を通る光の量は非常に少ないため画像として記録するには不十分な光の量です。そこで穴を広げると光の量は増えますが、1画素と空間中の1点の対応がとれなくなり像はボケるので、レンズを通して画像面で結像させようと考えました。

図12-2はa点とa'点の例で、適切な距離にある物体については結像します。また、その前後の近点から遠点については完璧に結像しなくても、撮像素子の画素の配置間隔よりも小さい範囲に収まるため（許容錯乱円と呼び実際には回折現象も考慮します）、結像と等価な状態と見なせます。

さらに距離が離れると1画素に収まらず複数の画素にまたがって光が照射される状態になり、像がボケます。穴をさらに大きくすると、より多くの光が入りますが、結像する範囲が狭くなります。このような近点から遠点の幅のことを**被写界深度**と呼びます。

周辺減光と回折

上記の話は画像の中央が前提であり、画像の端まで同じように光が入るためには口径の大きいレンズが必要になります。口径の小さいレンズを使った場合には、画像の中心から離れるほど光の量は減りますので徐々に暗くなります。これを**周辺減光**と呼びます。

また、レンズ自体の性能も重要となります。光には波の性質があり、撮影をする際に光が回り込む**回折**が生じるため、細かい像を映そうとした場合には必ず劣化し、画像の中心から離れるほどその傾向が強くなります。このような模様の細かさ（空間周波数）の再現性を評価する指標としてModulation Transform Function（**MTF**）があります。MTFは空間周波数に対するコントラスト比で表され、光学系の限界を意味しますのでレンズの選定時には解析対象をどこまで忠実に映したいかを検討する必要があります。

まとめ

- **カメラの撮像原理のベースは、ピンホールカメラである。**
- **口径が小さいほど、画像周辺部が暗くなる周辺減光が起こる。**
- **空間周波数の再現性を評価する指標として、MTFが用いられる。**

13 照明

シーン中の被写体を撮影し所望の画像を得るためには、適度な明るさが必要となります。光源の種類や明るさなどの照明条件によって、その後の画像処理の難易度が大きく変わります。ここでは、照明の基本事項について説明します。

画像センシングのための照明

カメラによる撮影は何らかの手段で対象物体に可視光を照射する必要があります。光の源となるものを**光源**と呼び、電球や太陽光のような熱放射によるものが原始的な光源といえます。一般的に使われる光源としてはエレクトロルミネセンスと呼ばれる発光ダイオードや、フォトルミネセンスと呼ばれる蛍光灯があり、光源を利用するにあたり放射する光の分光分布の違いは重要です。

熱放射による光源はその温度からプランクの法則に従って分光分布が定まります。温度が低い場合には遠赤外の放射しかなく、ある程度の温度からは可視光まで放射し、さらには紫外光も発するようになります。熱放射は光源の温度と色が直結していることから、光源の温度を色の単位として扱い**色温度**と呼んでいます。

代表的なものとしては電球の標準光源（A光源）の2854K、D65光源の6504Kがあります（厳密には相関色温度と呼びます・図13-1）。これらの分光分布は可視光の範囲のみですが、特にA光源については分布のピークが枠外で前述のとおり赤外の波長にあります。面積をエネルギーと考えると熱放射で可視光を得るには高温な光源が必要であり、白熱電球はフィラメントの熱放射を利用しているため多くの熱を発し、光源として使うには効率がよくありません。

比視感度曲線とは

ルミネセンスによる発光は放射する帯域を制限できます。可視光のみ放射できるため、省エネな光源といえます。

ヒトの目の感度は**比視感度曲線**（図13-2）で表され、色の知覚についても明るい状態で作用する錐体細胞としてL、M、S細胞が存在します。これらの細胞の吸収帯域に絞った放射を与えれば、ヒトの視覚は熱放射と同様の応答を示します。とはいえ、ヒトの目を騙している状態ともいえるので、物体の色については標準光源と比べて色が異なって見える問題が発生しました。そのため、光源がヒトの目にとって違和感なく色を示せるかを表す演色性の指標として平均演色評価数（Ra）が定められ、これをもとにヒトに対してあたかも熱放射の光源があるように色を知覚させる、高演色性照明が作られました。

なお、LED照明と蛍光灯とでは発光原理が異なるため蛍光灯を基準に定めた演色性と実際の見え方に食い違いが発生するようになりました。そこで、色忠実度指数（Rf）という新たな評価値も定められています。

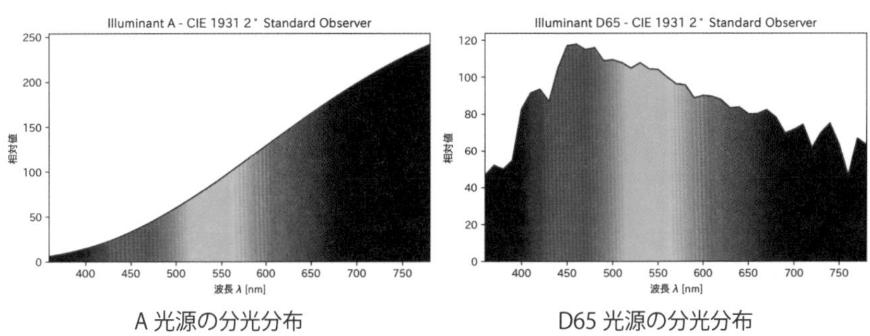

図13-1　光源の分光分布

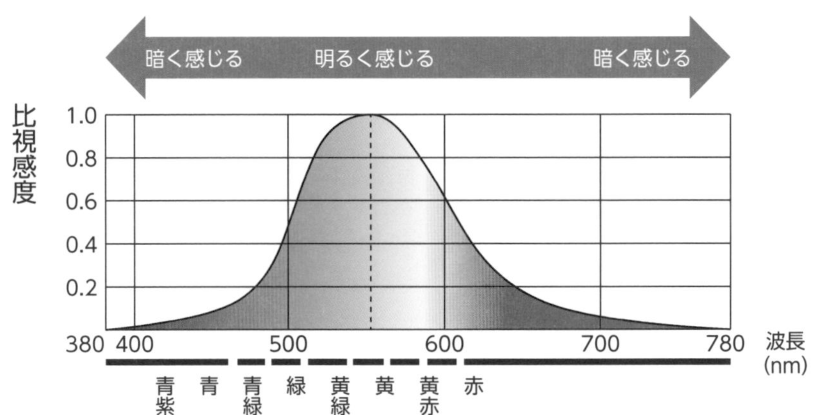

図13-2　標準比視感度曲線（明所見）

カメラの分光感度

ヒトと同様の問題がカメラにも生じます。カメラでは赤、青、緑の帯域に分離した光からカラー画像を構成しますが、その特性は**分光感度**として示され、光源からの分光分布、物体の反射特性、カメラの分光感度の関係によりカメラの応答が決定します。つまり、ヒトの比視感度とカメラの分光感度が入れ替わっただけなので、カメラでの撮影での忠実な色再現のためには演色性の高い照明環境が必要となります。

一方で、ヒトの視覚は色恒常性（または色順応）により、熱放射と同等な色の光源の場合には色温度が変わっても色の違いをほとんど感じませんが、カメラの場合には対象の色が変わったように映ります。つまりカメラの場合には光源に合わせて色を補正する必要があります。これを**ホワイトバランス**と呼び、多くのカメラには晴天、曇天などのプリセットから選択するか、オートホワイトバランス機能が搭載され、自然な照明環境においては問題なく機能します（図13-3）。ただし、低圧ナトリウムランプや、LED照明器具を用いたカラーライティングのように極端な照明環境に対しては誤った補正となる場合もあります。

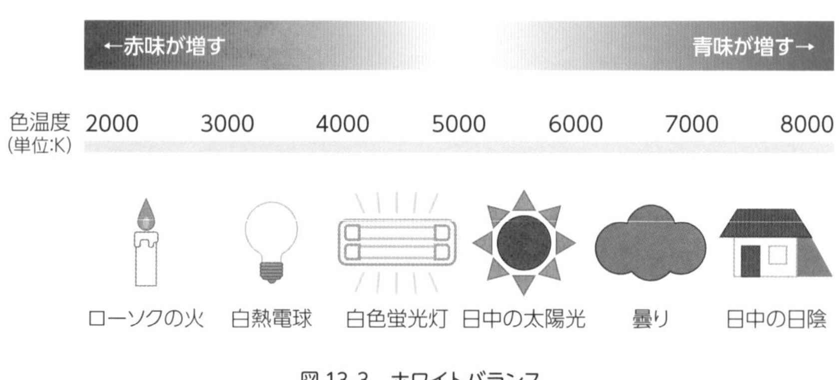

図 13-3　ホワイトバランス

照明の心得

次に、照明と時系列との関係には注意が要ります。一般家庭では電圧がプラスとマイナス交互に切り替わる50Hzまたは60Hzの交流の商用電源が使われ、一時的に電圧がゼロになるタイミングが1/25秒または1/30秒の間隔で発生します。白熱電球のような熱放射による光源ではフィラメントが熱を持っているので電圧が瞬間的にゼロになっても発光し続けるのに対し、LED照明についてはその発光特性から発光しないタイミングが長い商品が当初は市場に存在しました。

現在ではPSE（電気用品安全法）で「500Hz以上での光出力の繰り返しか、光出力がピークの5%以下の部分がない100Hz以上のもの」が技術基準となっていますのでヒトはちらつきを感じません。また、古いタイプの蛍光灯では蛍光灯の発光原理から発光しないタイミングが発生するためちらつきを感じることがありましたが、最近のインバーター式の蛍光灯は数十kHzでの発光のため、ヒトが気付かない速さで明滅を繰り返しています。

撮影においてはシャッターを開いている露光時間と発光周期との関係が重要となります。露光時間に対して発光周期が十分短い場合には問題ありませんが、それ以外の場合には映像にちらつきが発生します。ドライブレコーダーでLED信号機が消えて撮影されてしまうのもこの理由です。

また、高周波で点灯するLEDランプでも、調光機能があるものの中にはON/OFFの比率を切り替える方式のものがあり、調光で暗くした際にはOFFの時間が長くなるため、ちらつきが発生することもあります。

まとめ

- **光源には、発光ダイオードや蛍光灯などがあり、分光分布特性を把握することが重要である。**
- **カメラの撮影においては、ホワイトバランスにより、光源に合わせて色を補正する必要がある。**
- **時系列の撮影では、シャッターの露光時間と照明の発光周期の関係を適切に設定する必要がある。**

14 画像データのキホン

ここでは、画像データをいかに2次元的に配置するかについて、さらにデータをコンパクトに収納する画像符号化法の概要について、特に代表的なJPEG方式について詳しく述べます。

画像データの格納方式

画像データをデジタルデータとして平面的に格納する方式には、正方格子、正三角形格子、正六角形格子があります。図14-1がその基本形です。平面を隙間なく基本メッシュで敷き詰めるやり方が拠り所になっています。

画像センシング技術では、主に2つの視点、すなわち「画素当たりの情報エントロピー最大化」の視点と「画素と近傍画素間の等方性・異方性」の視点から、これらの格納方式の良しあしが比較されています。

前者の観点からは、正六角形格子が最もよいとされています。後者では、最も多用される正方格子では上下左右の距離が1であるとき斜めの距離解像度が$\sqrt{2}$倍となる異方性が顕著になります。正三角形格子では空間の6方向について等方性が保たれ、正六角形格子では3方向について等方性が担保されます。どの方式にも得失がありますが、メモリ容量と通信速度が爆発的に向上したので、プログラミングにおいて最も扱いやすい正方格子が、目下独壇場です。

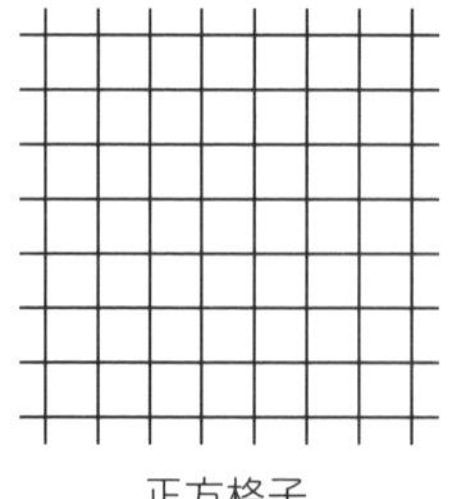
正方格子

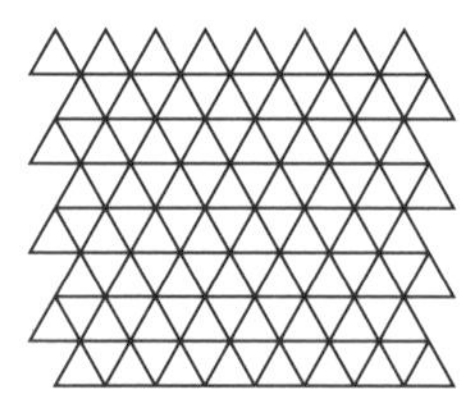
正三角形格子

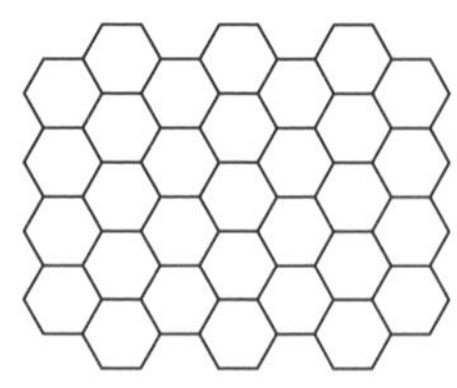
正六角形格子

図14-1　デジタル画像の格子配列のいろいろ

画像データのピクセルは、図14-1の格子の交点上に配置されます。このピクセルにはデジタル濃度値がそのまま格納されます。

一方で、どのように効率的にデータを格納できるかという視点から、**符号化法**という技術が開発されてきています。符号化法というのは、濃度値に手を加えるやり方で、データ格納をコンパクトにするものといえます。

これまでもさまざまな符号化法やデータ圧縮方式や記録フォーマットが工夫されて利用されています。画質と圧縮効率のバランスのはざまでどれが有利か、取捨選択されています。

データの効率的な格納法と画像符号化法

画像をコンパクトに収納する符号化方式のあらましについて紹介します。画像信号の情報量は2次元なので膨大です。伝送や蓄積を効率化するため、画像データを圧縮する技術がさまざまに提案されてきました。これらの技術を、**符号化**（Image Coding）といいます。

この符号化では、各種の方式の互換性を保証するための標準化が重要となります。以下の表には、画像符号化法のカテゴリと特徴を示しておきます。

■ 画像符号化法の概要

カテゴリ	特徴
符号化技術に取り組む動機	・画像の情報量 ・非可逆符号化と可逆符号化
画像符号化の基盤技術のいろいろ	・エントロピー符号化 – ハフマン符号化 – 算術符号化 レンジコーダ Q-coder ・ランレングス符号化 ・予測符号化 ・変換符号化
標準的画像符号化法のいろいろ	・JPEG ・MPEG2 ・MPEG4 AVC
DCTを用いない 画像符号化のいろいろ	・ウェーブレット変換 ・JPEG 2000 ・サブバンド変換 ・サブバンド画像符号化 – Generalized variable length lapped transform – サブバンド動画像符号化

画像の符号化法には、ハフマン符号化法、ランレングス符号化法はじめ代表的なものとしてJPEG、GIF、PNGなどが多用されています。動画像データには、MPEGやMP4などが多用されます。

JPEG（Joint Photographic Experts Group）は、グラデーションやテクスチャがある画像、色数が多い画像向きです。フルカラー（16,777,216色）を表現できるため、多くの色を使って表現したいときはぴったりのファイル形式です。

そのほかに身近では、**GIF**（Graphics Interchange Format）、**PNG**（Portable Network Graphics）が便利です。GIFは、色数が256と少なく、シンプルな画像向きで、ファイルサイズを小さくできます。PNGは、図版やシンプルなイラスト向きで、ファイルサイズはGIFより小さくなります。また、互換性に優れたPDF（Portable Document Format）フォーマットもありますが、ファイルサイズがやや重くなります。

JPEG方式の原理

最もポピュラーなJPEG方式の原理を、これらの符号化法を代表して紹介します。

図14-2に示すように、画像を8×8ピクセルサイズのブロックに分割します。ブロックごとにそのフーリエ変換（Fourier Transform）画像に注目します。このフーリエ変換画像の係数値配列を「量子化テーブル」という8×8マトリクスにて割り算で処理します。

この量子化テーブルは、人間の視覚特性に適合させる効果を狙ったJPEGの根幹を担っています。例えば、人間の目には周波数が高い画像を認識する能力がうとい、という特性があります。そこで、フーリエ変換画像の右下の辺りの細かい濃淡変化の情報は少なくなっても画質が低下したと感じにくいと考えたのです。

結果としてJPEG符号化方式では画像データが図14-3のように圧縮されますが、8×8ブロックがタイル状に見えてくる副作用（花弁のエッジ辺りの乱れ）が起きます。これは「ブロックノイズ」と呼ばれ、平坦部にもエッジ部にも頻発することに注意が要ります。

8 × 8 サイズのブロック

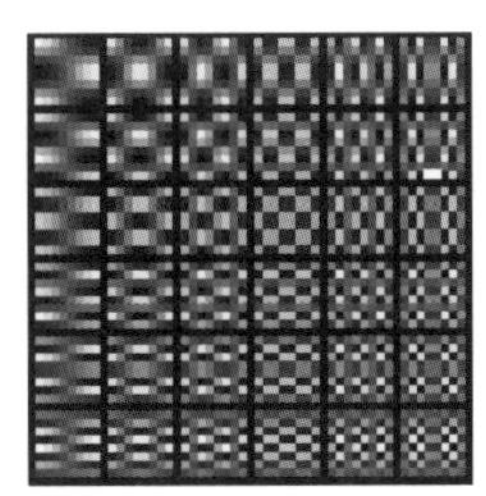

フーリエ変換成分

P(u,v)							
1431	300	-346	162	-25	-5	46	29
79	131	8	-11	41	-46	18	4
-5	52	-9	-61	-3	-26	-5	8
0	5	-3	-2	16	11	-10	6
-21	-8	22	18	21	9	-11	0
18	13	-14	-39	-23	-13	-4	6
11	12	9	1	6	10	4	6
-20	-14	-1	10	13	0	-8	-6

ブロック内のフーリエ変換係数

図 14-2 JPEG 圧縮方式の原理

	0	1	2	3	4	5	6	7
0	16	11	10	16	24	40	51	61
1	12	12	14	19	26	58	60	55
2	14	13	16	24	40	57	69	56
3	14	17	22	29	51	87	80	62
4	18	22	37	57	68	109	103	77
5	24	35	55	64	81	104	113	92
6	49	64	78	87	103	121	120	101
7	71	92	95	98	112	100	103	99

JPEG 量子化テーブル

89	27	-32	10	0	0	1	0
7	11	1	0	2	0	0	0
0	4	0	-2	0	0	0	0
0	0	0	0	0	0	0	0
0	0	1	0	0	0	0	0
1	0	0	0	0	0	0	0
0	0	0	0	0	0	0	0
0	0	0	0	0	0	0	0

JPEG 圧縮されたブロック

図 14-3　JPEG 量子化テーブル例、データ圧縮結果、ブロックノイズ [20]

まとめ

- **画像データの格納方式として、演算上の扱いやすさから、正方格子の配列が多用されている。**
- **静止画像の圧縮方式にはさまざまなものがあるが、色数の多い一般的な写真を対象とした場合、JPEGが多用される。**
- **JPEGは、周波数変換と人間の視覚特性を利用した処理により、大幅な画像データの圧縮を実現している。**

15 画像デジタル表現のキホン

カメラ撮像面に映ったシーンは、2つのデジタル化操作を経て画像データとなります。この節ではこの標本化、量子化というデジタル化操作の基礎とその直感的な意味合いをわかりやすく概説します。

画像デジタル化のあらまし

カメラ撮像面のシーン（アナログ画像）は、図15-1のように、2つのデジタル化操作を使ってデジタルデータとして表現されます。デジタル画像は普通$f = (f_{ij})$と書かれますので覚えておいてください。デジタル画像の第(i,j)ピクセルの濃度値が「f_i」だと表しています。

1つ目の操作は**標本化**（sampling）といいます。2つめは、**量子化**（quantization）と呼んでいます。どちらも離散化間隔（ΔxとΔfという2つの解像度パラメータ）の決め方にかかわる丁寧な観察が必要になりますが、その要点は、デジタル画像から元のアナログ画像に戻せるかにあります。これらデジタル化操作の後ろ盾は、シャノン標本化定理（1948年）とOKQT量子化定理（2002年）の2つにさかのぼることができますが、ここでは詳細は触れなくても問題ありません。

シャノンの標本化について

シャノンによると、図15-2のように画像平面の刻み方Δxを決定すればよいことがわかっています。つまり、『ある程度（カットオフ周波数uc）以上の濃淡の細かい変化がなければ、それに見合ったΔxを決めればよい』という法則に従うだけ、図15-2に示すように、デジタル画像からアナログ画像が元に戻ることが約束されています。

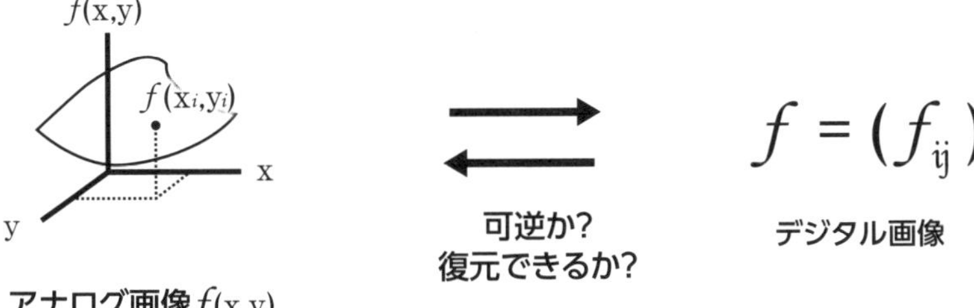

2つの解像度（パラメータ Δx、Δf）と標本化操作と量子化操作

標本化（図 15-2 参照）　Δx 間隔でトビトビの位置でセンシングする

量子化（図 15- 3参照）　Δf 間隔でトビトビに濃度値を量る

図 15-1　デジタル画像のセンシングの基盤

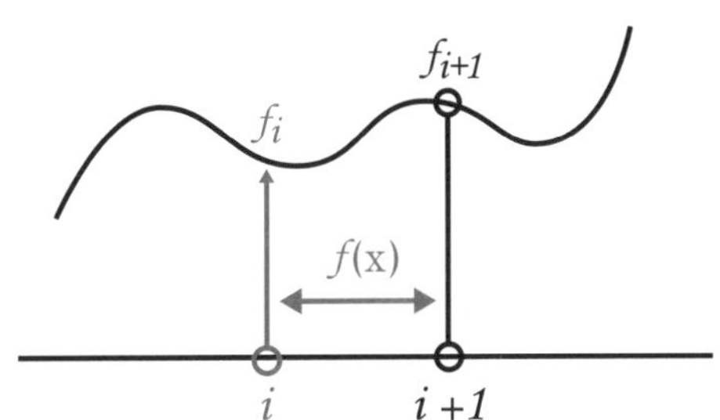

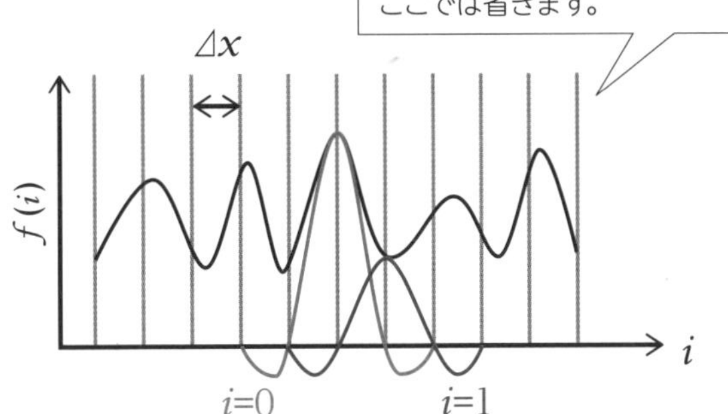

図 15-2　標本化とシャノン復元定理、デジタルデータからのアナログ復元

OKQT量子化法について

さて、デジタル画像は図15-3・上（竹林のシーン）に示すように、ピクセルはデジタル整数値で記録されています。シーンの濃淡をこのような数値に変換する操作を量子化と呼んでいます。

一方で、**OKQT量子化法**によると、図15-3・下のように濃度階調幅パラメータΔfを決めればよいこともわかっています。つまり、『画像の明暗分布がそこそこの基準であれば、それに見合ってパラメータΔfを選べばよい』という法則に従って決めてやるだけで、図15-3に示すように誰でも知っている濃度ヒストグラムからアナログな濃度生起分布が元に戻ることが約束されています。

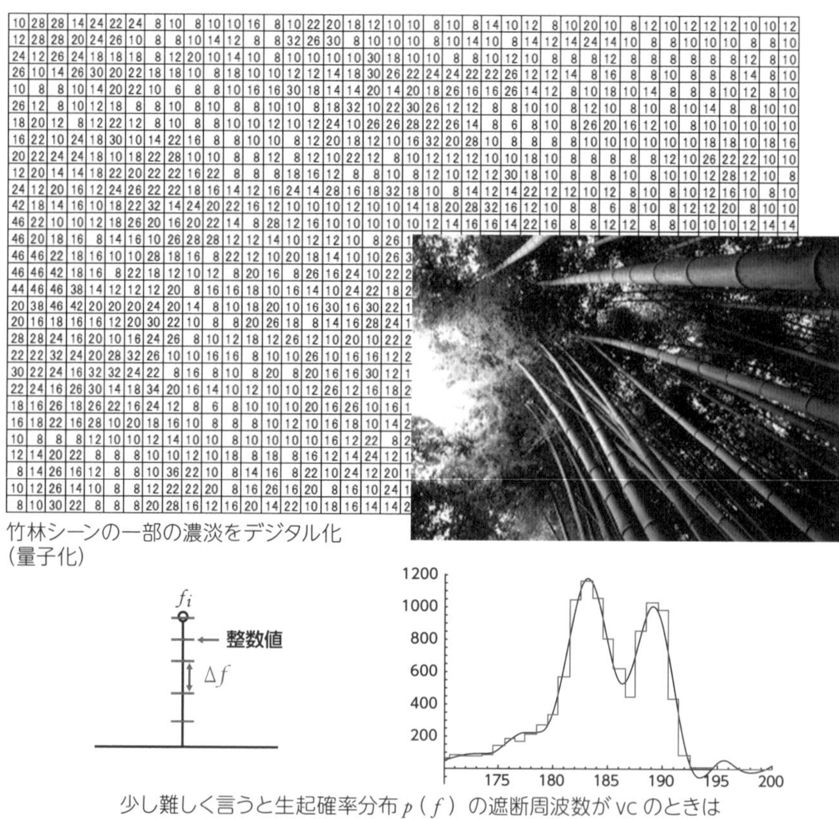

竹林シーンの一部の濃淡をデジタル化（量子化）

少し難しく言うと生起確率分布$p(f)$の遮断周波数がνcのときは濃度階調幅$\Delta f \leqq 1/(2\nu c)$とすればよい。

図15-3　量子化と生起分布のOKQT復元、デジタルデータからアナログ復元

1つだけ気を付けたいことがあります。このOKQT量子化法は、量子化解像度Δfにとって必要条件の1つにすぎませんが、軽視することは避けないといけません。これを無視すると画像の明暗を表すヒストグラムにすら重大な歪みが発生することを覚悟しなければならないからです。

花粉のSEM画像を使った実例を示します。図15-4は256階調の入力画像であるにもかかわらず、ヒストグラム復元性の意味では解像度を32倍に粗くして8階調程度でよいことがわかったことを実証しています。目で見ても画質劣化は概ね認められないことに加えて、背後ではヒストグラムがOKQT量子化法によってうまく再現できるという安心感が担保されていることが知られています。

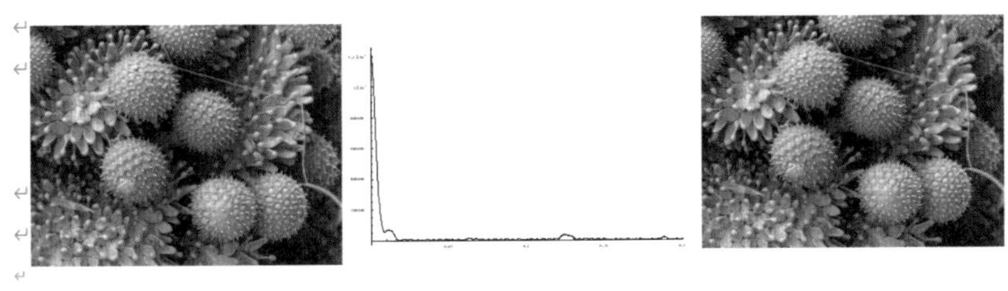

原画像（256階調）　濃度ヒストグラムh(f)（256階調）のフーリエ変換　OKQT画像（なんと8階調でよい！）

図15-4　濃度階調Δfの最適設計（OKQT実験）の事例

少しディープなデジタル化技術の話題

最後に、デジタル画像の表現技術にかかわる、少し深堀りした話題と実用上の技術課題を列挙しておきます。これらの話題は、その存在だけを確認すれば実用上は問題ありません。

①光学的点像拡がり関数の活用について

光学物理の自然現象とランダムノイズに由来して、遮断周波数が有限値に収まることは現実にはありません。そこで実務上の遮断周波数を推定するために、しばしばハミング窓やハニング窓と呼ばれる光学的点像拡がり関数を入力画像にあらかじめ畳み込む工夫が施されます。これらは、デジタル画像処理の現場適用では非常に重要な技術として扱われています。

②標本化と量子化の違反のペナルティについて

遮断周波数の基準を下回る標本化と量子化が行われるとペナルティが発生します。それらのペナルティは別名誤差（折り返し誤差）と打ち切り誤差と呼ばれています。実践的には数理的現象の詳細な解釈は省略しても実用上は差し支えありませんが、図15-5に示すようなその誤差現象の仕組みと意味を知っておくことは現場においても大切にしておきたいことです。

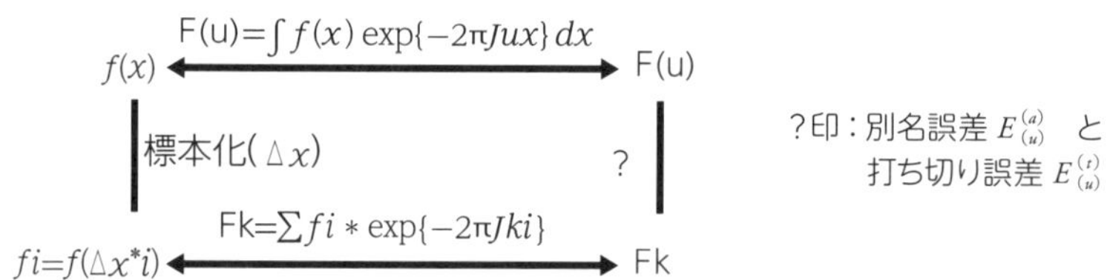

図15-5　シャノン標本化定理への違反のときのペナルティ

③標本化と量子化の適用順番について

ここはもう少しディープな話題です。シャノン標本化定理とOKQT量子化定理はそもそも影響し合う、という証拠が見つかっています。この証拠探しの着想は、$S(Q(f(x))) \fallingdotseq Q(S(f(x)))$ とでもいうべき、画像デジタル化の標本化操作（S）と量子化操作（Q）の適用順番の影響を受けるであろうと予測されているからです。見つかった証拠の1つは、下の式のように、画像から見積もられる画像の体積（左辺）と、ヒストグラムから見積もられる画像の体積（右辺）が等しくなるというシンプルな要請にあります。この要請は、技術的に味わうに値する画像デジタル化の基本問題であることは間違いありません。

$$\frac{\pi}{W}\sum_{n=-\infty}^{\infty} f(x_n) = \left(\frac{\pi}{V}\right)^2 \sum_{r=-\infty}^{\infty} r\,h(f_r) \qquad \cdots (1)$$

ここで、Wは空間解像度のパラメータ、Vは階調解像度のパラメータ、
fは画像、hはそのヒストグラム

図15-6 (a) は、式（1）の左辺で表す画像体積計算（リーマン積分）を画像平面上で求める概念を示しています。また、(b) は式（1）の右辺で表す画像体積計算（ルベーグ積分）をヒストグラム平面上で求める概念を示しています。これらの画像体積は必然的に等しいというわけです。

この理由で、2つのパラメータ W と V は、必然的に自由に決めないことが要請されていることになります。

いつでもどこでも身近になっているデジタル画像センシング技術の基盤には、このようにディープで面白い課題があるのです。

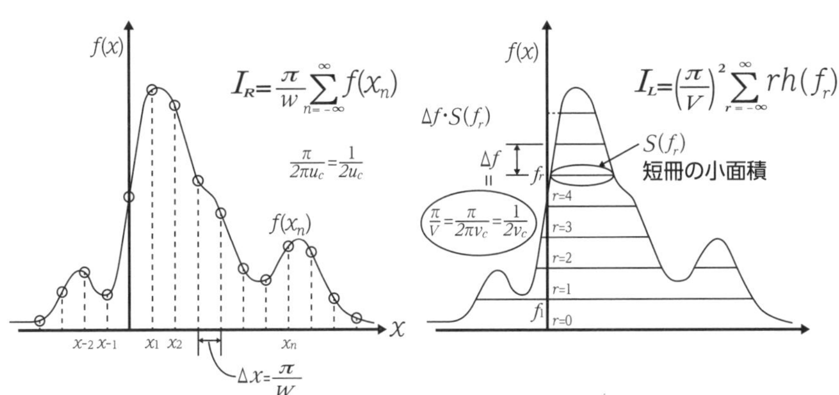

(a) 標本化定理 ST とリーマン積分 I_R の体積説明図

(b) 量子化定理 OKQT とルベーグ積分の体積説明図

図 15-6　OKQT と ST の互いに縛り合う関係

まとめ

- **アナログ画像をデジタル化するには、標本化と量子化の2つのステップが必要である。**
- **標本化は、画像を空間的に離散化する処理で、シャノンの標本化定理がその指針となっている。**
- **量子化は、画像の輝度レベルを離散化する処理で、近年 OKQT 量子化法が提案されている。**

16 カラー情報の扱い

ピクセルに色を記録するとカラー画像となります。一筋縄ではいかない色情報の扱い方について少し丁寧に説明します。

物理現象としての色の扱い

色情報の扱い方は一筋縄ではいきません。「光源」「物体」「視覚」の3つが揃わないと、色を扱うことはできないのです。また色は、物理現象としての「光の色」の扱いと人の視覚に「映る色」の扱いの２つがあります。さらには、印刷やテレビ、デザインなどそれぞれの使途特有の歴史と流儀があります。

画像データをカラー画像として扱う物理現象の手掛かりの始まりは、図16-1のように、**光の三原色**R（赤）、G（緑）、B（青）にあります。色を光の三原色である赤、緑、青（Red、Green、Blueの頭文字をとって**RGB**と表記されます）のスペクトル強度の組み合わせで色を表現します。

RGB表色系では、原色をR（赤・700nm）、G（緑・546.1nm）、B（青・435.8nm）とする表色系を、国際照明委員会（CIE）のRGB表色系といいます。パソコンにおいては最も多く用いられ、ディスプレイデバイスなどへの出力指示などに用いられます。

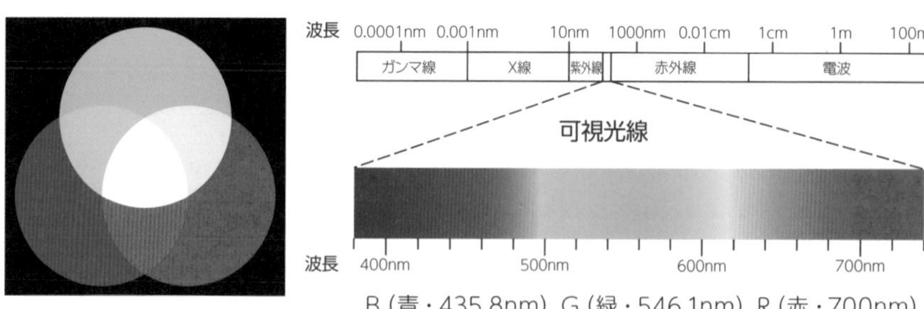

図16-1　光の三原色［21］と光のスペクトル

国際照明委員会は、色の表示を標準化するために [R] [G] [B] という原色を、赤原色 [R] ＝700nm (nm=ナノメートル)、緑原色 [G] ＝546.1nm、青原色 [B] ＝435.8nmの単波長光と定め、これらの原色を用いた「等色実験」を重ね、「等色関数(人間の標準的な色覚を数値化した関数)」を定義しています。「等色実験」は三原色を調整しながら混色し、等色した (等しい色に見えた) その瞬間の三原色の各混色量を測るものです。

それぞれの赤と緑と青を何段階で表現するかによって、色の階調とデータサイズが変わります。グレースケールと同様に、階調はデータのサイズ数が n ビットの場合、2^n(2の n 乗)となります。8bitなら各色256階調なのでフルカラー(full color) で16,777,216種類の色表現ができます。

人の視覚に映る色の扱い

画像データの色表現、つまり表色系の技術は多岐にわたりますが、その基本的枠組みについて要点を説明します。

まず、表色系には大きくマンセル表色系 (Munsell)とオストワルト表色系 (Ostwald)の2つがあります。また、目で見た色の属性として、色相、明度、彩度という3つの尺度が設けられていて、それらは次のとおりです。図16-2はマンセル色相環、図16-3は色相、明度、彩度の立体図です。

●色相 (Hue)

5色相 (R・Y・G・B・P) に分け、それぞれの中間をさらに5色相 (YR・GY・BG・PB・RP) を加えて補完し、大まかな10色相が設定されています。

●明度 (Value、Brightness)

理想的な黒を0、理想的な白を10とする11段階で設定されていますが、理想的な白や黒は物理的に表現できないため、現実的な数字として黒は1程度、白は9.5程度が用いられます。

●彩度 (Chroma、Saturation)

無彩色を0、有彩色は鮮やかになるほど数値は高くなります。色相や明度によって最大値は異なります。最大値はおおよそ8〜14の範囲。最高値の14は黄（5Y）、最低値の8は青緑（5BG）となっています。

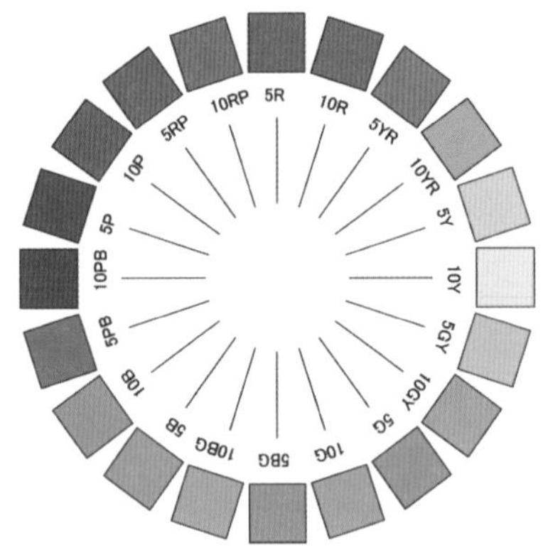

図16-2　マンセル表色系の色相環［22］

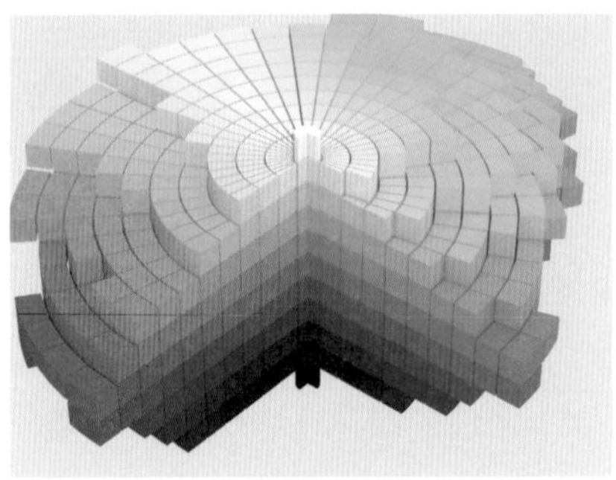

図16-3
色相（回転軸）、明度（上下軸／白ー黒）、
彩度（放射軸／濃いー淡い）の立体図［23］

さまざまな表色系

表色系（color system）とは、心理的概念あるいは心理物理的概念に従い、色を定量的に表す体系です。表色系は、通常は3つの次元で色空間を構成しますが、利用目的に応じてまさしくさまざまな提案があります。国際照明委員会（CIE）では、色を数値で表す方法として、XYZ（xyY）表色系、L*a*b* 色空間を制定しています。図16-4はxy色度図です。

●xyY表色系

XYZ表色系から絶対的な色合いを表現するためのxyY表色系が考案されました。

●L*u*v*表色系／L*a*b*表色系

L*はLuminosity（明度）を意味します。

数学的には3つの変数があればすべての色を表現できますが、そこまでの必要がない状況では、2変数以下、あるいは4変数以上を用いる色空間もあります。

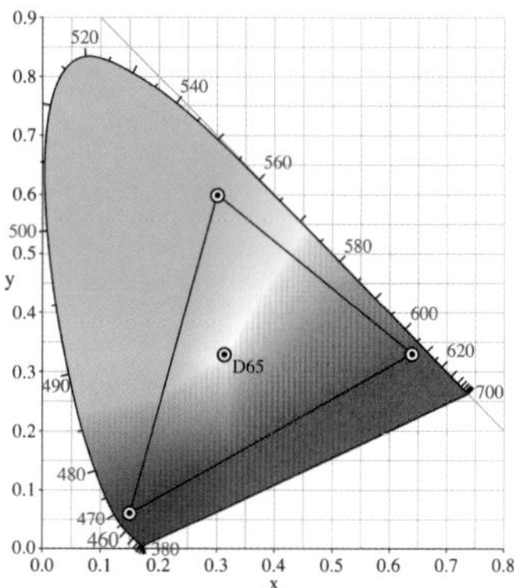

図16-4　xy色度図（色の2次元座標上での表現）[24]

その他の表色系も概要だけ示しておきます。

●混色系（color mixing system）

色を心理物理量と捉え色刺激の特性によって表すものです。XYZ表色系が代表的な例です。

●顕色系（color appearance system）

色を色の3つの特徴に従って配列して、その間隔を調整し整合性を高めるものです。マンセル表色系やPCCS、NCSが代表的な例となっています。

まとめ

- **画素ごとに光の三原色（RGB）の強度を記録し、その組み合わせで色を表現する。**
- **マンセル表色系は、色相、明度、彩度を用いることで人の感覚に近い色表現となっている。**
- **色を定量的に表す表色系には、利用目的に応じてさまざまなものが提案されている。**

17 画像ヒストグラム

画像の確率統計的な性質は濃度ヒストグラムからわかります。このヒストグラムの画像処理における意味あいと有効性について、その拡張としての共起ヒストグラムについて概説します。

デジタル画像とピクセルと統計的性質

デジタル画像を一見してその大まかな性質を知るにはどうしたらよいでしょう？ そこに映るリンゴが大きいか？ 小さいか？ これは、画像の濃度ヒストグラムを観察してヒストグラムの山が大きければリンゴは大きいことがわかります。そこに映る色違いのボールは何個あるか？ ヒストグラムの山が8個あったら、どこにあるかわかりませんがボールの個数は8個だとわかります。このように、デジタル画像の性質を知るには、**濃度頻度分布**、ないし**ヒストグラム**(histogram）という面白い統計指標が大きな役割を担っています。このヒストグラムは、クラスの成績分布とか日本国人口分布などの統計指標としてまったく同じ意味合いを有しています。

大きさ256×256のデジタル画像には、総数65,536個のピクセルがあります。各ピクセルは、8ビット階調が用意されていると、0～255のどれかの値をとります。これらのピクセルが画像の中に整然と配列されて、図17-1（竹林のシーン）に例示するように整数値の配列として、一枚一枚の画像ができあがっているのです。この画像の一瞥してわかる性質を知りたくなります。

例えば、この画像にはいったい何種類の異なるシーンが描けると思いますか？ 気が遠くなるかもしれませんが、何と何と16,777,216種類ものシーンが描けるのです。このような天文学的なデジタル画像群の中のたった1枚、図17-1のような1枚をいま目にしているのです。1秒に1枚見続けるとしても、まったく同じこの画像にまた出会うまでには4,660時間、194日くらい待たなければならないのです。この事実に接するときの驚きが、画像処理技術は統計学や確率論のような数学に力を借りなさいと誘ってくれているのです。

512 × 512 の画像（竹林のシーン）

10	28	28	14	24	22	24	8	10	8	10	10	16	8	10	22	20	18	12	10	10	8	10	8	14	10	12	8	10	20	10	8	12	10	12	12	12	10	10	12
12	28	28	20	24	26	10	8	8	10	14	12	8	8	32	26	30	8	10	10	10	8	10	14	10	8	14	12	14	24	14	10	8	8	10	10	10	8	8	10
24	12	26	24	18	18	18	8	12	20	10	14	10	8	10	10	10	10	30	18	10	10	8	8	10	12	10	8	8	8	12	8	8	8	8	8	8	12	8	10
26	10	14	26	30	20	22	18	18	10	8	18	10	10	12	12	14	18	30	26	22	24	24	22	22	26	12	12	14	8	16	8	8	10	8	8	8	14	8	10
10	8	8	10	14	20	22	10	6	8	8	10	16	16	30	18	14	14	20	14	20	18	26	16	16	26	14	12	8	10	18	10	14	8	8	8	10	12	8	10
26	12	8	10	12	18	8	8	10	8	10	8	8	10	10	8	18	32	10	22	30	26	12	12	8	8	10	10	8	12	10	8	10	8	10	14	8	8	10	10
18	20	12	8	12	22	12	8	10	8	8	10	10	12	10	12	24	10	26	26	28	22	26	14	8	6	8	10	8	26	20	16	12	10	8	10	10	10	10	10
16	22	10	24	18	30	10	14	22	16	8	8	10	10	8	12	20	18	12	10	16	32	20	28	10	8	8	8	8	10	10	10	10	10	10	18	18	10	18	16
20	22	24	24	18	10	18	22	28	10	10	8	8	12	8	12	10	22	12	8	10	12	12	12	10	10	18	10	8	8	8	8	8	12	10	26	22	22	10	10
12	20	14	14	18	22	20	22	22	16	22	8	8	8	18	16	12	8	8	10	8	12	10	12	12	30	18	10	8	8	8	10	8	10	10	12	28	12	10	8
24	12	20	16	12	24	26	22	22	18	16	14	12	16	24	14	28	16	18	32	18	10	8	14	12	14	22	12	12	10	12	8	10	8	10	12	16	10	8	10
42	18	14	16	10	18	22	32	14	24	20	22	16	12	10	10	10	12	10	10	14	18	20	28	32	16	12	10	8	8	6	8	10	8	12	12	20	8	10	10
46	22	10	10	12	18	26	20	16	20	22	14	8	28	12	16	10	10	10	10	10	12	14	16	16	14	22	16	8	8	12	12	8	8	10	10	10	12	14	14
46	20	18	16	8	14	16	10	26	28	28	12	12	14	10	12	12	10	8	26	12	10	16	10	12	10	20	18	12	20	18	10	18	12	12	10	8	10	12	10
46	46	22	18	16	10	10	28	18	16	8	22	12	10	20	18	14	10	10	26	32	14	12	18	12	10	10	12	26	16	10	12	22	16	14	10	8	10	12	10
46	46	42	18	16	8	22	18	12	10	12	8	20	16	8	26	16	24	10	22	26	10	14	10	8	10	14	18	12	16	22	14	14	8	10	12	8	10	8	8
44	46	46	38	14	12	12	12	20	8	16	16	18	10	16	14	10	24	22	18	20	10	10	24	8	8	30	10	22	16	10	18	12	18	18	10	10	10	8	10
20	38	46	42	20	20	20	24	20	14	8	10	18	20	10	16	30	16	30	22	18	14	10	10	28	12	10	18	12	10	14	10	24	14	14	14	16	12	10	10
20	16	18	16	16	12	20	30	22	10	8	8	20	26	18	8	14	16	28	24	16	8	8	8	10	22	10	10	16	14	10	8	16	26	28	14	10	10	12	10
28	28	24	16	20	10	16	24	26	8	10	12	18	12	26	12	10	20	10	22	26	10	10	10	8	10	24	10	12	10	24	10	8	8	24	10	10	10	8	10
22	22	32	24	20	28	32	26	10	10	16	16	8	10	10	26	10	16	16	12	24	12	10	8	8	10	10	16	16	12	10	8	10	10	10	10	10	10	12	10
30	22	24	16	32	32	24	22	8	16	8	10	8	20	8	20	16	16	30	12	14	20	10	10	12	14	12	12	18	26	8	10	10	10	8	8	8	10	10	8
22	24	16	26	30	14	18	34	20	16	14	10	12	10	10	12	26	12	16	18	20	18	14	14	14	10	10	22	8	14	20	12	8	12	8	10	8	10	8	12
18	16	26	18	26	22	16	24	12	8	6	8	10	10	10	20	16	26	10	16	12	10	26	10	18	12	12	10	6	10	14	24	10	8	10	8	14	10	12	8
16	18	22	16	28	10	20	18	16	10	8	8	8	10	12	10	16	18	10	14	24	10	10	26	10	16	16	8	10	10	10	12	18	10	10	10	10	10	10	12
10	8	8	8	12	10	10	12	14	10	10	8	10	10	10	10	16	12	22	8	22	12	10	12	26	12	24	8	12	12	8	8	12	18	10	10	8	8	10	8
12	14	20	22	8	8	8	10	10	12	10	18	8	18	8	16	12	14	24	12	12	22	10	8	14	12	14	14	12	12	14	10	12	12	14	10	10	12	8	10
8	14	26	16	12	8	8	10	36	22	10	8	14	16	8	22	10	24	12	20	10	10	12	10	10	18	10	12	14	12	10	12	10	10	10	12	12	10	12	10
10	12	26	14	10	8	8	12	22	22	20	8	16	26	16	20	8	16	10	24	10	14	16	10	8	10	10	10	14	12	10	10	10	10	10	10	16	8	8	10
8	10	30	22	8	8	8	20	28	16	12	16	20	14	22	10	18	16	14	14	24	12	10	14	10	14	12	8	10	10	10	12	12	10	10	10	10	12	10	10

竹林の画像の左上 40 × 40 のピクセル配列　数値（0 ～255）が濃度値を表す

図 17-1　デジタル画像のピクセルとシーンの明暗を表す濃度値配列

さて、ピクセルの濃度値 f は、このように確率的振舞いをする現象だと画像処理では考えます。このピクセルが値 f をとる確率を考え、$p(f)$ とか $pdf(f)$ と表記され、これがこのピクセルが値 f をとる「確率密度関数」と呼ばれています。デジタル画像では、この pdf に代わって濃度ヒストグラム H を用いることになります。プログラム風にあえてきちんと書くと以下のように定義します。

$H=(p_k)$ 、$k=0,\ldots,255$（濃度値）　p_k は、$f=k$ となる画素数

図17-2は顔画像とそのヒストグラムです。背景の白とワイシャツがヒストグラムの右側の急峻なモードを支配し、左側のなだらかな丘上のモードが顔領域を支配していると観察できます。

一般に、このようにモードが2つあるヒストグラムを双峰分布（bi-modal）と呼びます。自然の画像では図17-2のように背景と顔という2種のパターンがあるという性質が示唆されます。モードが1つのヒストグラムは単峰性（uni-modal）といい、そのシーンには壁だけが映っているようなことが示唆されます。

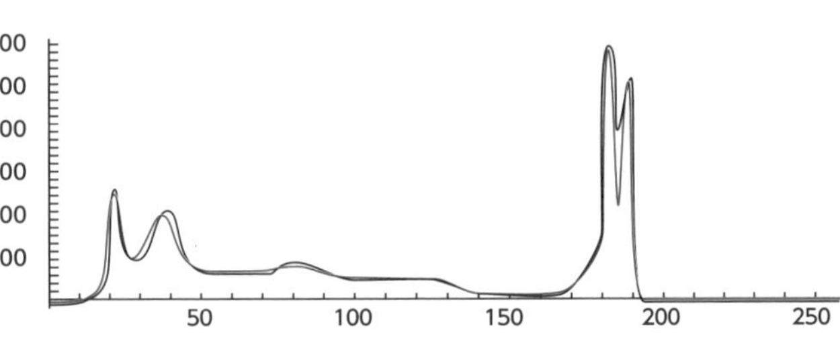

図17-2　人物顔画像（左）とヒストグラム

ヒストグラムに関連してそこから読み取れる統計指標をいくつか知っておきましょう。平均値（mean）とその関連する相加平均、相乗平均、調和平均など、これに代わる中央値（median）、中間値（intermediate）、さらにそれらの散らばり具合を見るために、分散（variance）、標準偏差（standard deviation）、変動範囲（range）などが有効に使われています。

またヒストグラム定義の自然な性質から、画像の中の図形の位置がどこにあってもヒストグラムは変わりません。これを、ヒストグラムの位置不変（shift-invariant）といいます。また、図形が回転したりしてもヒストグラムは変わりません。これは、ヒストグラムの回転不変（rotation-invariant）といいます。

共起ヒストグラム

ピクセルf_{ij}が153でその近接するピクセル$f_{i+K\,j+L}$が156となる「同時生起確率」は高いか低いか？　このような画像の持つ性質も画像処理では重要視されています。デジタル画像処理では、これを**共起ヒストグラム**（co-occurrence histogram）と呼んでいます。下記の式で共起ヒストグラムCHの定義をプログラム的に示しておきます。

$$CH:(P_{kl})=hh(f_{ij},f_{i+Kj+L})\qquad k,l=0\sim255$$

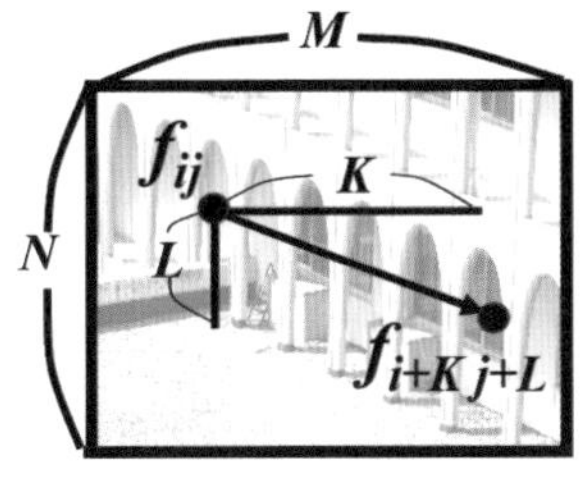

共起ヒストグラムの導入

大学キャンパス建屋の画像の
共起ヒストグラム（K=1、L=1）

図 17-3　濃度共起ヒストグラムと事例

図17-3に共起ヒストグラムの実例を示します。左には共起ヒストグラムの2つのピクセルの位置関係を建屋のデジタル画像上にイメージ的に示します。右には、$K=L=1$としたときの共起ヒストグラムを濃淡で表しました。黒が共起度数の高いところを表します。例えば、対角成分とその近傍で黒い状態になっていることから、近接するピクセル対の濃度値が近いことが明瞭に見てとれます。

まとめ

- **画像ヒストグラムは、横軸に輝度値、縦軸にその輝度値の画素個数（出現頻度）を数え上げて表示する。**
- **ヒストグラムの統計指標から、平均的な明るさや輝度値のばらつきなど画像の性質を読み取ることができる。**
- **共起ヒストグラムは、注目画素の輝度値とその近傍画素の輝度値が、同時に生起する確率を調べてヒストグラム化したものである。**

②フーリエ変換

フーリエ変換は、理工学分野においてさまざまな場面で活用されている技術です。特に、音声や画像などを対象とした信号の解析や処理において重要な役割を担っています。フーリエ変換とはどのようなものなのか、音の信号を例に簡単に説明します。

まず、音の信号波形をイメージしてください。時間と共に変化する音声信号を見ていても、その特徴を把握するのは困難です。例えば1つの曲には、さまざまな高さ（=周波数）の音が含まれていますが、それらの合成波形を見ているだけでは何もわかりません。音声信号をフーリエ変換することによって、信号をさまざまな周波数成分に分解することができます（図A）。それによって、どのような周波数の音がどれくらい含まれているか、を定量的に把握することができるようになります。言い方を変えると、さまざまな周波数の正弦波を重ね合わせることで、あらゆる信号を再現することができるのです。

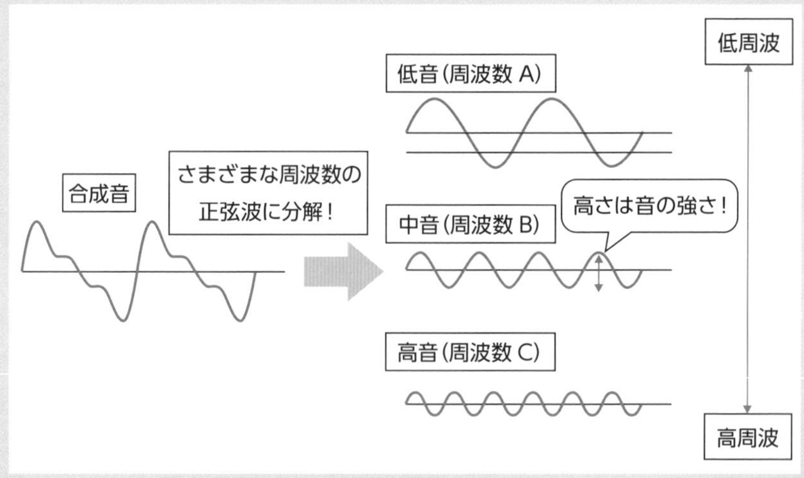

図A　音声信号のフーリエ変換

画像におけるフーリエ変換では、画像をさまざまな細かさの縞模様（=正弦波）に分解します。音声の場合と異なるのは、その縞模様が方向性を持っているということです。その詳細は、P.120で解説しています。

このように周波数ごとに信号を分解したうえで、各周波数帯域の強度を変化させることで、特定の周波数を強調したり減衰させたりする処理（周波数フィルタリング）が可能となります。

画像処理技術の詳細

～パターン検出と画像識別～

画像や映像中から、特定の対象（パターン）を見つけるパターン検出技術は、工場における画像外観検査やQRコード検出、顔検出などさまざまな場面で活用されています。また、対象が何であるかを分類する画像識別は、文字や数字の自動識別や、対象の異常の有無のチェックなどに活用されています。本章では、パターン検出と画像識別の基本事項について解説します。

18 濃淡変換処理

画素ごとに明るさのレベルを濃淡値で表現したものを濃淡（グレースケール）画像と呼びます。ここでは、画像処理の基本となる濃淡画像の扱い、ヒストグラムや濃淡変換処理について説明します。

画像の濃淡とヒストグラム

デジタル画像を構成する最小要素が画素（ピクセル）であり、そこに格納された値を画素値と呼びます。ここでは、さまざまな目的により、この画素値を変換する処理について説明します。

話を簡単にするため、カラー画像ではなく明るさの度合いが各画素に格納されている**濃淡画像（グレースケール画像）**を考えます。例えば、明るさの度合い（＝濃淡レベル）が8bit（＝256階調）で表現されているとしましょう。その場合、画素値0は真っ黒、画素値255が真っ白を表すことになります。図18-1に、8bit階調で表現された濃淡画像の例を示します。また、この画像の**ヒストグラム**を図18-2に示します。

ヒストグラムから見る画像の統計量

この画像ヒストグラムからは、その画像が持つさまざまな情報を読み取ることができます。画像から最小値、最大値、平均値、中央値、最頻値、分散、標準偏差といった画像の特徴を表す**統計情報**を計算することができますが、ヒストグラム分布を確認するだけでも、こういった統計情報をある程度推測することが可能です。

まず、画像中の画素値中で最小のもの（一番暗い画素）を最小値、最大のもの（一番明るい画素）を最大値といいます。8bitの濃淡画像の場合、0～255の画素値を表現できますが、最小値が0の画素が多数存在するような画像、グラフの山が横軸の左端で切れてしまっているような場合は、画像中の暗い部分がつぶれてしまっている状態で「黒つぶれ」といいます。逆に最大値が255の画素に集中しているような場合は、明るい部分の情報がつぶれてしまっている状態で「白とび」といいます。

画像撮影時に、ヒストグラムを参照しながら撮影することで、適切な階調範囲に収めることができます。最頻値は、画素値の中で最も頻度が高い値のことをいいます。図18-2においては濃淡値32付近が最頻値となっており、これは画像中の黒板の暗い部分の画素が占める領域が多いためです。その他、平均値は平均的な画像の明るさ、分散、標準偏差からは、画素値のバラツキ具合（集中度合い）がわかります。

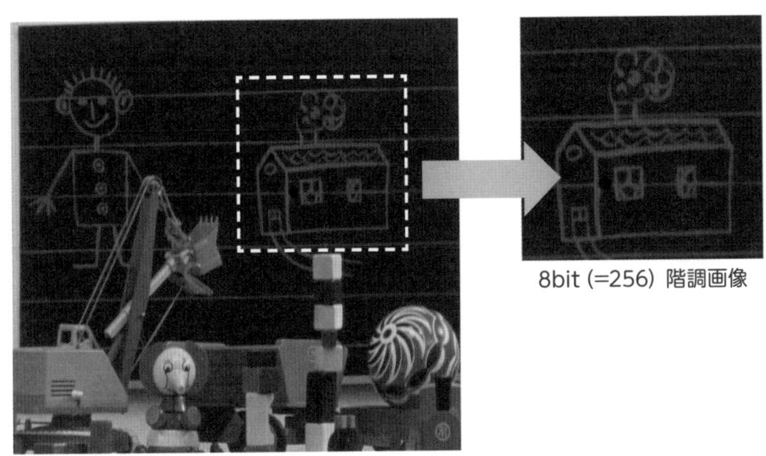

図18-1　8bit 濃淡画像の例

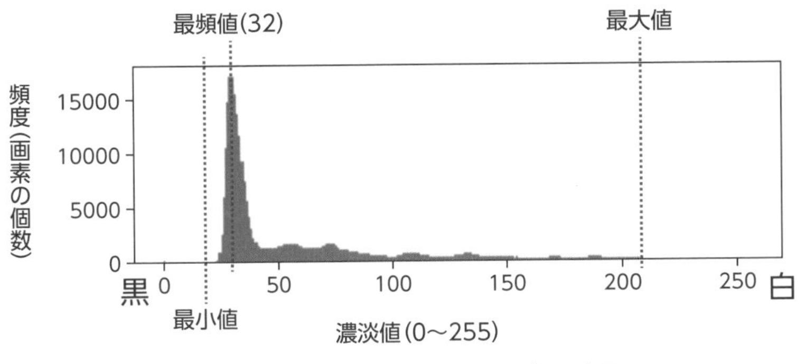

図18-2　濃淡画像のヒストグラム表示

画素単位の濃淡変換

次に、これまで見てきた画像ヒストグラムを利用した画像処理の簡単な例を紹介します。

図18-3に示した濃淡画像から、道路の白線部分のみを抽出するような画像処理を考えましょう。抽出したい画素を白（＝画素値255）、それ以外の不要な画素を黒（＝画素値0）に変換し、画素値255の部分のみを取り出せば、この画像処理の目的は達成できます。このように、濃淡画像に対して抽出対象の画素を白、それ以外の画素を黒の二値で表現するために、画素単位で濃淡値を変換する処理を**二値化**（binarization）と呼びます。では、この画像に対する二値化の手続きを見ていきましょう。

図18-3
処理前の濃淡画像

まず、この画像のヒストグラム（図18-4）に注目してください。濃淡画像のヒストグラムは、その画像の画素値を横軸に、出現頻度を縦軸にとったもので、この画像の場合には、大きな山が3つ出現していることがわかります。

左側2つの山は、アスファルトの明るい部分と暗い部分の画素に、右側の山は白線部分の明るい画素に対応しています。白線部分の画素のみを抽出したい場合には、ヒストグラムの右側の山を構成している画素を白（＝255）として残し、それ以外の画素をすべて黒（＝0）に置き換えます。

この2つの山の間に「しきい値」を設定し、それよりも大きい画素値を持つ画素を白に、小さい画素値を持つ画素を黒に置き換えて出力すると、白線部分のみを白画素として抽出することができます。今回の例の場合、白線とその他を区別するための二値化しきい値を190と設定しました。その結果を図18-5に示します。この処理を二値化と呼び、画像中から処理対象の画素のみを背景と区別して抽出したいときに利用されます。二値化は、画素単位での濃淡変換の代表的なものです。

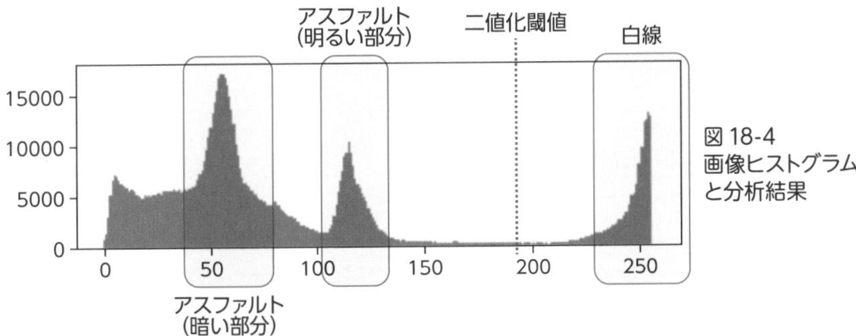

図 18-4
画像ヒストグラムと分析結果

図 18-5
二値化により白線を抽出した結果

まとめ

- 明るさのレベルを濃淡値で表現した画像をグレースケール画像と呼ぶ。
- ヒストグラムは、画像全体の濃淡情報分布を表現している。
- 画素値の値によって、画素ごとに濃淡変換を行う代表的なものに、二値化がある。

19 形状処理

画像中から、ノイズや周囲の物体と区別して，処理対象となる物体のみを抽出するためによく用いられる濃淡画像処理について取り上げます。ここでは、二値画像に対する膨張・縮小処理、ラベリング処理について解説します。

縮小・膨張処理

前節の図18-5に二値化処理の結果を示しましたが、画素単位で白線に含まれる画素を白、それ以外を黒、の二値の画素に置き換えただけで、白線を固まりとして抽出しているわけではありません。この段階では、まだ白線のみを検出したとはいえません。そこで、次に白線を1つの塊として抽出することを考えます。

図18-5の二値化結果画像を見ると、白線の中に穴があいている箇所が複数存在していることがわかります。これは画像ノイズの影響か、もともと白線がかすれていたのかもしれません。この白線を1つの塊として抽出しやすくするため、この穴を埋める処理を考えます。

図19-1上をご覧ください。中央の注目画素および周辺画素に1つでも白い画素があれば、注目画素を白に変換します。白がない場合には変換を行わないようにします。この処理を全画素に対して行うと、白画素中の孤立した黒画素を埋めることができます。この処理を、**膨張処理**（Dilation）と呼びます。

一方、図19-1下のように、注目画素および周辺画素に1つでも黒い画素があれば、注目画素を黒に変換します。黒がない場合には変換を行わないようにします。これを全画素に対して行う処理を、**縮小処理**（Erosion）と呼びます。縮小処理によって、背景中に孤立した白画素を除去することができます。このような論理演算群は、図形のトポロジー処理といわれ、図形処理の根幹を支えています。

膨張処理による穴埋めと、縮小処理による孤立点除去を組み合わせて、ノイズの少ない二値画像を生成した例を図19-2に示します。

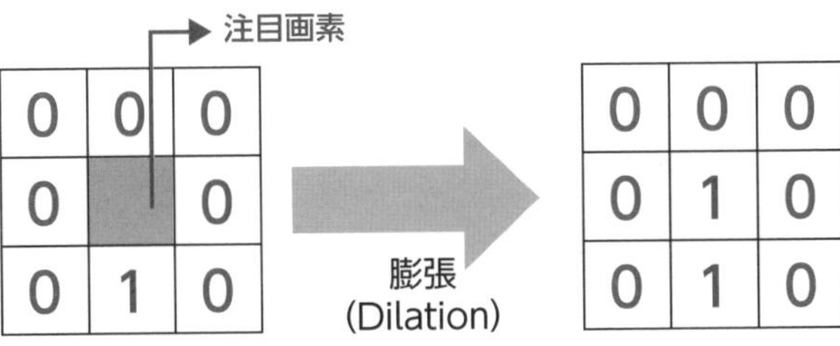

膨張処理（8近傍の場合）
0→黒画素　1→白画素

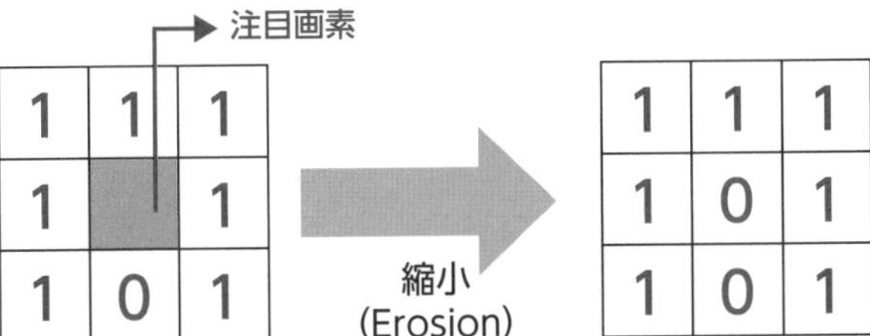

縮小処理（8近傍の場合）
0→黒画素　1→白画素

図 19-1　膨張処理（上）と縮小処理（下）

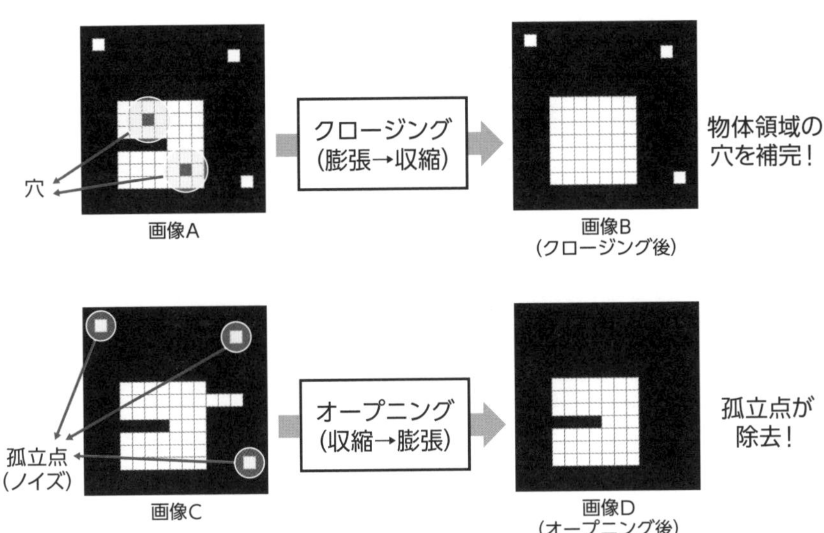

図 19-2　膨張・縮小処理によって出力された二値画像（左：処理前、右：処理後）[25]
（資料提供：マクセルフロンティア株式会社）

3
画像処理技術の詳細～パターン検出と画像識別～

ラベリングによる対象抽出

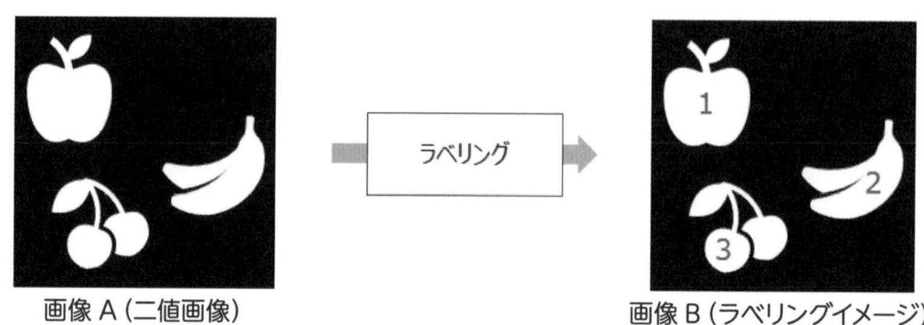

図 19-3 ラベリング処理の概要 [26]
(資料提供：マクセルフロンティア株式会社)

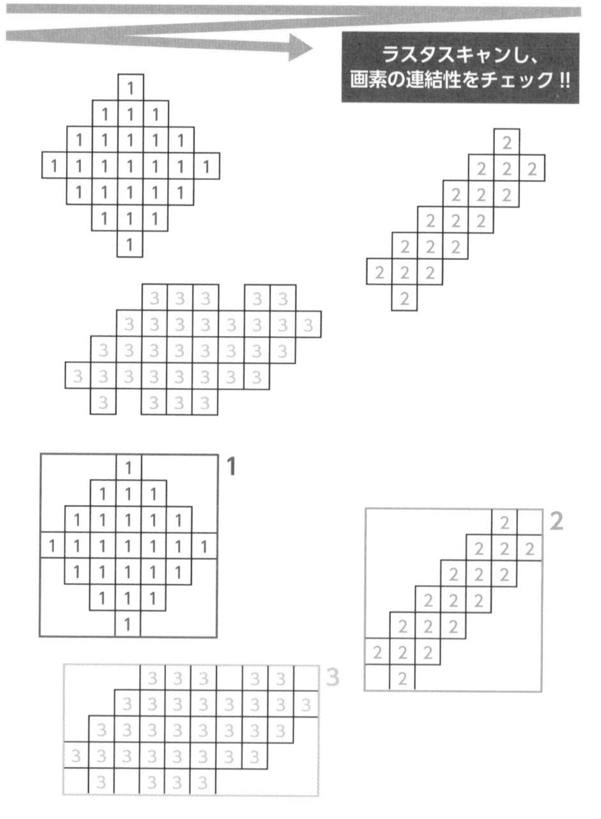

図 19-4 ラベリングの結果例

図19-3を見てください。離れた場所に3つの白画素の塊があります。画像の左上から画素を走査しながら、白画素が連結しているかどうかをチェックし、連結している白画素には同じラベル番号を付与していきます。この処理により、画像中において空間的に離れた場所にある複数の抽出対象を、異なるラベルを付けて区別して扱うことができます。

図19-3でわかるように、二値化した画像Aに対し、**ラベリング処理**を適用することによって、リンゴを構成する白画素の塊をラベル1、バナナをラベル2、さくらんぼをラベル3、といったように、3つの領域を番号を付けて区別したうえで抽出することができます（図19-4）。

この処理によって、抽出された対象ごとに文字認識や**物体認識のアルゴリズム**を適用することが可能となるため、画像認識システムにおける重要な**前処理**として活用されています。

まとめ

- **膨張・収縮処理は、ノイズを除去して処理対象の物体領域を抽出するのに有効である。**
- **膨張・収縮処理の順番で、クロージングとオープニングの異なる効果が得られる。**
- **ラベリングにより、二値画像中の対象物体を1つの塊として抽出できる。**

20 空間フィルタリング

画像に対して、空間的な信号処理を施すことを空間フィルタリングと呼びます。空間フィルタは、画像認識におけるさまざまな特徴を抽出するために多用されます。また、深層学習における「畳み込み」演算もこの空間フィルタリングにあたります。

空間フィルタとは？

音声などの時間とともに変化する信号に対して、特定の信号成分のみを強調したり、除去したりする信号処理が行われます。音の信号の場合、このような処理は音声信号を周波数情報に変換して行われることが少なくありません。

低い音（低周波成分）や高い音（高周波成分）を調整して好みの音質に調整する処理などは、まさに周波数情報のフィルタリングをしていることになります。一方、画像は明るさの情報が空間的に並んだ配列情報となっています。

画像に対して空間的な信号処理を施すことを、**空間フィルタリング**といいます。空間フィルタは、画像の雑音を除去したり、エッジ情報など画像認識のうえで有効な特徴を抽出するために欠かせないものとなっています。

画像処理における畳み込み

画像における空間フィルタリングは、注目する画素とその近傍の隣接画素の情報を用いた演算によって行われます。例えば、図20-1のように注目画素の周囲に3×3の9画素分の領域を設定して考えてみます。図20-1の整数値が入った3×3のウインドウをカーネルと呼びます。このカーネルを、画像上に重ね合わせ、重なったカーネルの係数と入力画像の画素値をかけ合わせる演算をカーネル内の9画素で行い、それらを足し合わせた結果を、注目画素の値として出力します。

注目画素をずらしながら同様の処理を画像全体にわたって施すと、図20-1のカーネル（横方向ソーベルフィルタ）の場合には、横方向に画素値の変化が激しい部分を抽出する**エッジ抽出**の効果を得ることができます。図20-2に、横方向ソーベルフィルタを適用した例を示します。画像中の、主に縦に走っている白線に強くフィルタが反応していることがわかります。

各画素の値と、その位置に対応したカーネルのフィルタ係数を掛けて足し合わせる計算を、**畳み込み演算**（Convolution）と呼びます。このフィルタの係数を目的に応じて設定することにより、さまざまな画像の特徴を抽出する空間フィルタを設計することができます。

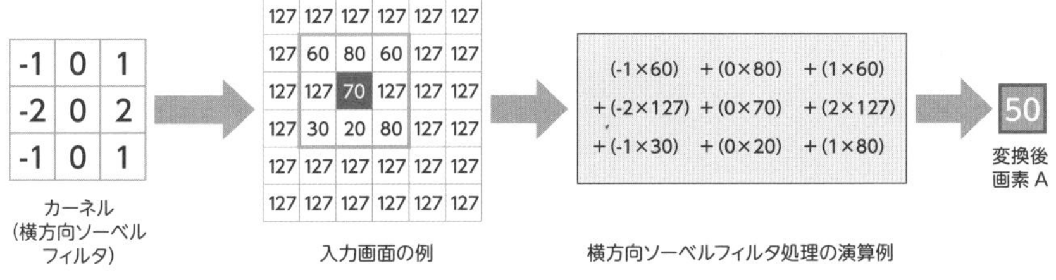

図 20-1　空間フィルタの概要 [27]
（資料提供：マクセルフロンティア株式会社）

図 20-2　縦方向ソーベルフィルタを画像に畳み込んだ結果

さまざまな空間フィルタ

画質改善や画像認識に用いるための有効な特徴を抽出する目的において、空間フィルタは重要な役割を果たしています。図20-3に、代表的な空間フィルタと画像への適用例を示します。

例えば、図20-3のエッジ抽出のような係数のフィルタ（ソーベルフィルタ）を用いると、縦方向、横方向に並んでいる画素の差のベクトルの合成ベクトルを出力することになり、輝度値の変化の激しい部分（＝エッジ）を抽出することができます。

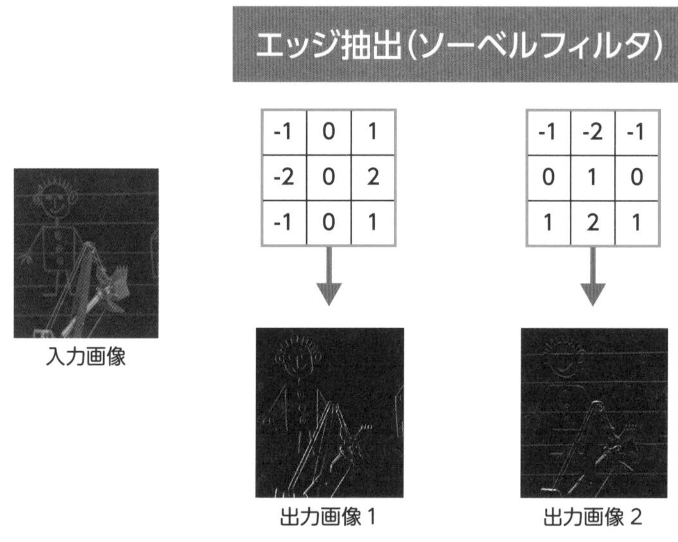

図 20-3　さまざまな空間フィルタの適用結果例

画像深層学習における「畳み込み」

さまざまな画像認識タスクにおいて有効性が確認され、活用されている**畳み込みニューラルネットワーク**（Convolutional Neural Networks：CNN）の「畳み込み」は、まさにこの空間フィルタにおける畳み込み演算を画像に対して行っています。

Deep Learning登場以前の画像処理では、空間フィルタの係数を目的に応じて設定し、画像認識に必要な特徴抽出方法を人手で行っていました。CNNを採用したDeep Learningによる画像処理では、この空間フィルタの係数、つまり畳み込み演算の適切なパラメータを、**データドリブン**で学習によって獲得することを狙っています。学習に必要なデータの収集には大変なコストがかかりますが、適切な正解ラベル付き画像データを用いた学習によって、汎用的な画像処理システムを構築することができるようになりました。

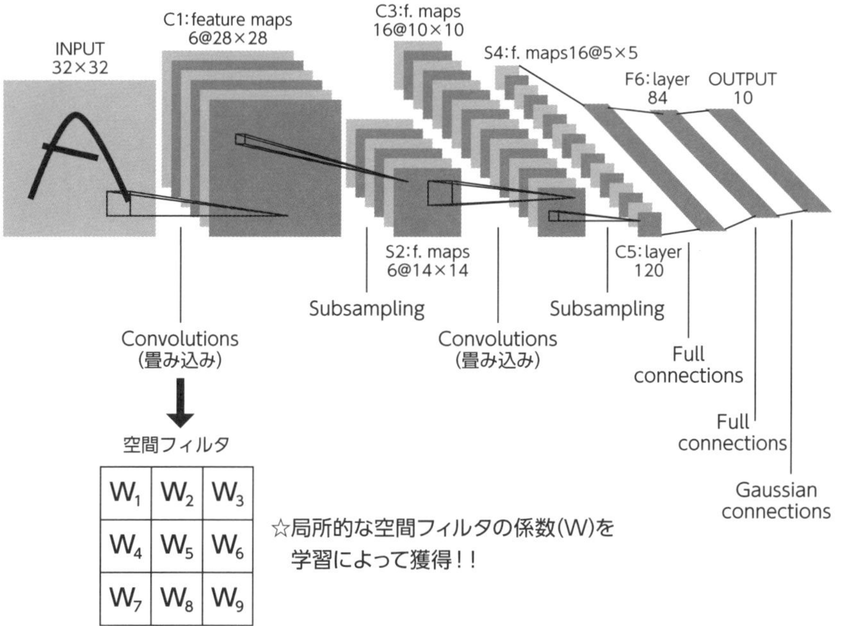

図 20-4　CNN の概略図 [28] ※参考資料をもとに著者が一部加筆

まとめ

- **空間フィルタは、雑音除去や画像からの特徴抽出処理で欠かせないものである。**
- **空間フィルタは、係数を変化させることでさまざまな画像処理上の効果が得られる。**
- **畳み込みニューラルネットワークでは、空間フィルタの係数を学習により決定している。**

21 特徴抽出の流れ

ここでは、画像の特徴抽出について説明します。画像からの特徴抽出処理は、物体検出や画像識別などの画像認識タスクにおいて重要なものとなっています。

画像マッチングと特徴抽出の流れ

ここでは、代表的な画像認識タスクの1つである、**画像マッチング**における**特徴抽出**について解説します。画像マッチングとは、2つ以上の画像から類似する画像部分（参照画像、対象画像）を切り出し、それらの一致度を測り、同一の対象か否かを判別するものです。一般的な画像マッチングでは、ノイズなど不要なものを除去するための前処理、画像からマッチングや識別に有効な特徴量を抽出する特徴抽出処理、画像マッチング処理の順で処理が行われます。

図21-1に画像マッチングまでの一般的な流れを示します。ここで、参照画像とは、画像中からマッチングによって検出したい対象を含む画像です。参照画像と対象画像の双方で特徴抽出処理により画像から特徴点を抽出し、特徴量記述により特徴点周りの特徴を記述し、それを用いてマッチングを行います。

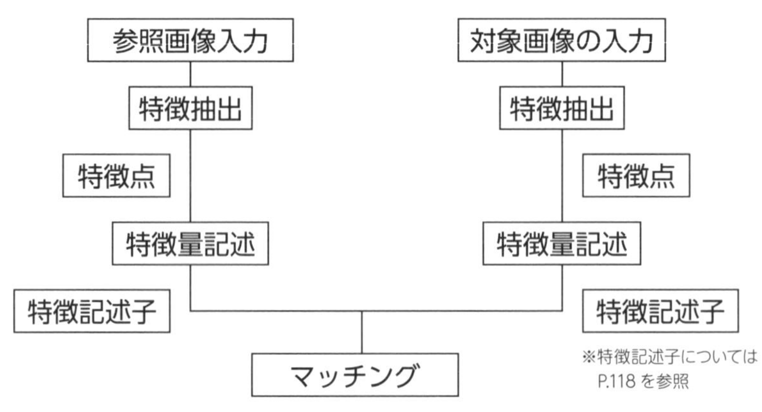

図 21-1　一般的なマッチングまでの処理の流れ

テンプレートマッチング

画像特徴は、画像マッチングにおけるマッチング処理で実際に利用されます。最も単純なマッチング処理の方法は、ピクセルごとに類似度を比較するpixel by pixelの手法（**テンプレートマッチング**）です。この手法は、画素ごとに画素値を比較していくため、計算コストが高く、対象物体の見え方の変化や環境変化に対応することが困難であるため、マッチング手法に工夫を要します。

例えば、一般的に対象画像中のマッチング対象の大きさや姿勢は不明であるため、参照画像の大きさや姿勢といったパラメータを変化させながら、繰り返しマッチングを行う必要が生じるため、現実的な手法ではありません。

例えば、テンプレートマッチングを用いた眼球の虹彩領域の追跡を考えた場合、まず眼球周辺を模したテンプレート（図21-2・左）を用意します。しかし、実画像では図21-2・右のようにテンプレートと異なる見え方の変化が生じるため、これらに対応した多くのテンプレートを準備する必要があります。したがって、マッチングの計算コストが高くなってしまいます。

このような問題を解決し、効率的なパターンの探索やマッチングを実現するためには、ピクセルごとの比較によって膨大な探索を行うのではなく、可能な限り探索の範囲を狭めたほうが効率的です。これらを実現するために、以下に説明するさまざまな特徴量や特徴記述子が提案されています。

左：眼球領域を模したテンプレート。
右：ターゲットとなる画像の例。
pixel by pixelでは見え方が変化するため対応困難でマッチング手法に工夫が必要。

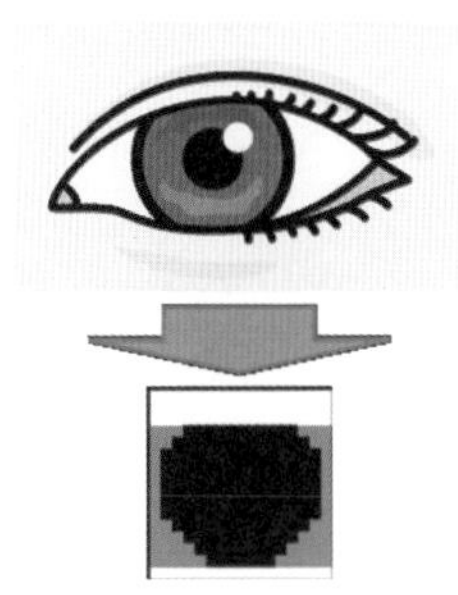

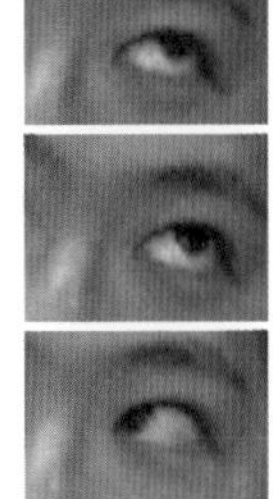

図 21-2　黒目のマッチング

マッチングのための大局特徴と局所特徴

画像マッチングに用いられる特徴にはglobal feature（**大局特徴**）とlocal feature（**局所特徴**）があります。大局特徴は広域的な特徴量で、特徴量の抽出範囲を画像全体とし、一般的にベクトルのデータ構造となっています。抽出の方法としては画像全体を一斉に計算します。例として、画像全体の色情報の分布状況を示すカラーヒストグラムや、画像全体をフーリエ変換によって周波数情報に変換して特徴として用いる方法などがあります。

局所特徴は、局所領域を特徴量とし、画像によって複数次元となる可能性があります。抽出の手順として、目的に応じた特徴を抽出するためには、最初に特徴の強調やノイズ除去などのためのリサイズ、色補正、フィルタ処理といった前処理が必要となります。その後、特徴検出器による抽出する局所の選定を経て、特徴記述子によって特徴量を抽出します（特徴検出と特徴記述子の関係を図21-3に示します）。図21-3の一番右の画像上にオレンジの点があり、重なるようにヒストグラムが描いてあります。

オレンジの点として抽出された特徴をヒストグラムと重ねて記述する。
Detect
Describe

図 21-3　元画像から特徴を検出し、特徴を記述する様子を示したイメージ図

局所特徴とその記述子の用途としては、物体の検出、分類、追跡、動きの推定などがあります。これらのアルゴリズムは、局所特徴を使用することで、スケールの変化や回転、遮蔽などをより適切に処理することができます。

よく利用される特徴には**コーナー特徴**（FAST、Harris、ORBなど）や**ブロブ特徴**（SIFT、SURF、KAZE、AKAZE、MSER）があります。ブロブ（＝Blob）とは画素がつながっている領域のことです。また、**特徴記述子**にはSIFT、SURF、KAZE、FREAK、BRISK、ORB、HOGなどがあります。機械学習を用いた物体認識においては、大量の画像から目的に応じた特徴量やルールを自動的に選択していると捉えることができます。

マッチングの演算手法

マッチング処理では、これまで説明した特徴量を用います。マッチング手法には、Threshold based matching、Random Sample consensus（RANSAC）、Nearest Neighbor、Nearest Neighbor Distance Ratioなど多くの方法があり、Fast Library for Approximate Nearest Neighbors（FLANN）といった高速最近傍点探索ライブラリも公開されています。

図21-4にSIFT特徴点マッチングによる対象マッチングの例を示します。2つの画像間で、対応する特徴点どうしが直線で結ばれています。これより、画像が縮小、回転していても同じ特徴点どうしが正しくマッチングされていることがわかります。また、特徴点マッチングの技術を用いて、画像の重なり部分をマッチングして整列させ、画像を合成するイメージモザイキングの例を図21-5に示します。

図21-4　SIFT特徴点マッチング［29］

図21-5　SIFTマッチングの応用事例
イメージモザイキング［30］

まとめ

- 画像からの特徴抽出は、物体検出や画像認識において重要である。
- 画像どうしの類似度を計算する処理を画像マッチングと呼ぶ。
- 画像マッチングの特徴量には、大局特徴と局所特徴がある。

22 さまざまな画像特徴量

フーリエ変換による周波数特徴量の抽出は、画像解析やフィルタリング、画像復元・圧縮など幅広い分野で利用されています。画像を周波数成分に分解することができるため、周波数空間において問題を解決できます。

画像における空間周波数

2次元の正弦波では、平面を定義する2つの変数があります。そして、関数の値はその平面内の位置に応じて上昇または下降します。図22-1に示す明暗の縞は、ある方向に沿って振幅が正弦波状に変化する2次元の表現です。方向以外に縞模様を制御するパラメータとしては、**振幅**（明暗変化の度合）、**空間周波数**（明暗変化の細かさ）もあります。任意の画像をこのような空間周波数の波の組み合わせで表すことができ、図22-2はさまざまなパラメータを持つ空間周波数の波から画像を構築するイメージを表しています。

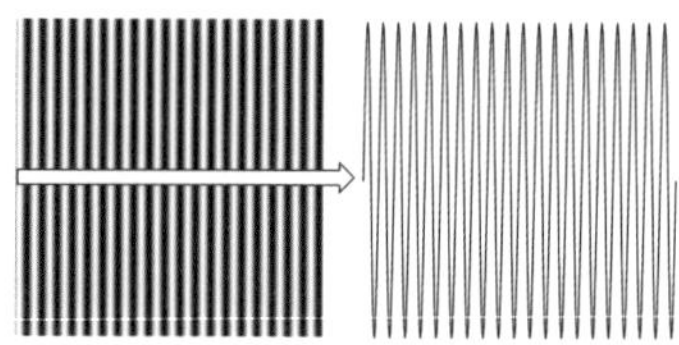

図 22-1　2次元の正弦波上の任意の水平線は1次元のサイン関数になります

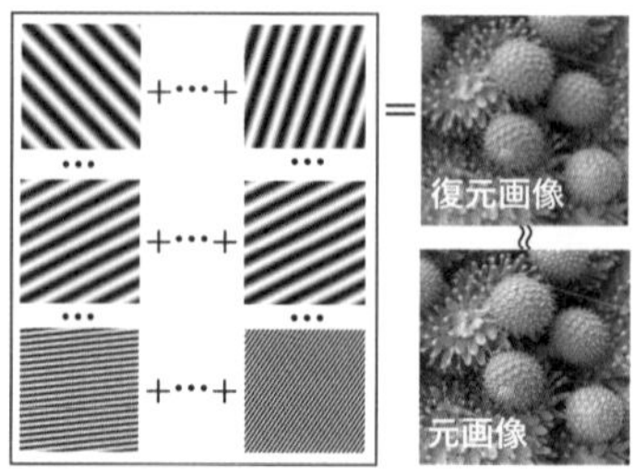

図 22-2　さまざまな空間周波数から画像を復元するイメージ

フーリエ変換を利用した周波数解析

フーリエ変換は、ある波形を異なる振幅や周波数、位相を持つ数多くの正弦波に分解できます。画像を2次元の波関数として見なせば、2次元フーリエ変換を用いることで任意の画像空間周波数成分に分解することができます。つまり、図22-2に示される画像復元の逆の工程を辿ることができます。

また、フーリエ変換をコンピューターで実行する際には有限回の計算で終わる必要があるため、画像処理の場合、**2次元離散的フーリエ変換**（Discrete Fourier Transform：**DFT**）を1次元DFTの繰り返しで実現することになります。さらに計算量を減少させるために**高速フーリエ変換**（Fast Fourier Transform：**FFT**）が一般的に画像処理の分野でも用いられています。

FFTを行うことにより、画像から**空間周波数スペクトル**という周波数特徴量を抽出することができます。周波数領域でのフィルタ処理を便利にするため、図22-3で示すスペクトルが一般的に用いられています。

図22-3(右)に示す空間周波数スペクトルの場合、中心から離れるにしたがって高周波数成分になるスペクトルとなっており、画像データの周波数分布を表しています。それぞれの位置に周波数成分が現れます。つまり、周波数の高低と空間周波数の成分配置の関係を示しています。中心付近に白い画素が多いほど画像に低周波成分が多いことになりますが、図22-3（左）のような細かい模様の多い画像の場合、高い空間周波数成分が大きくなるため、中心付近における白い画素の集中は目立ちません。逆に、濃淡変化が緩やかな画像の場合、高い空間周波数成分が小さくなるため、四隅付近に黒い画素が集中しやすくなります。

(高)：高い空間周波数成分
(低)：低い空間周波数成分

図22-3　FFTおよび周波数成分の並び替えによる空間周波数スペクトルの抽出例

画素値に基づく局所画像特徴

1つの画像パッチ（小さな矩形領域）に注目した際に、最もシンプルな局所特徴量として、そのパッチ内の画素の値を並べ、特徴ベクトルを作ることです。しかし多くの応用場面では、撮影環境の変化や物体の変形、視点の変化などによって生じる画像の輝度変化、平行移動、回転、スケールなどの影響を受けにくい性質が特徴量に求められており、単純な画素の並べ方による特徴量はわずかな移動や回転にも敏感に変化するため、実用性が低いと考えます。

各画素を周囲の近傍画素と比較した相対値を特徴量として抽出する方法として、**LBP**（Local Binary Pattern）があります。LBPは画像の局所的な表現を特徴量としたもので、その抽出過程を図22-4に示します。

図22-4では、注目画素を中心に3×3の9画素分の領域を設定して考えてみます。まず、注目画素の画素値（100）を近傍8ピクセルに対する閾値として設定します。次に中心ピクセルの値より隣接画素の値のほうが大きいか等しい場合1に、小さい場合は0に設定します。注目画素の上の隣接点から反時計回りに2進数として解釈し、それを10進数に変換するとこの例では31になります。

これまでの操作を画像のすべてのピクセルに対して行い、計算されたLBP値は6×6の配列として得られます。最後にヒストグラム化を行い、256次元の特徴量ベクトルを出力します。LBPは濃度パターンを表したものであるため、画像の明暗やコントラストの変化に影響されにくい利点が担保されます。

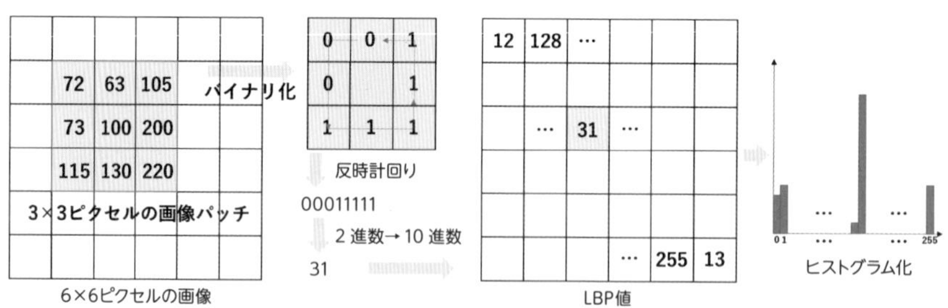

図 22-4　LBP 特徴量の抽出過程

輝度勾配に基づく局所画像特徴量

回転・スケール変化などに不変な特徴量を記述するために、**勾配**に基づいた特徴量がよく用いられます。**SIFT**（P.119参照）における特徴記述子を抽出するため、特徴点およびその方向をあらかじめ算出する必要がありますが、ここでは図22-5のように基準点（特徴点を用いる場合が多い）と基準方向を手動で設定して考えてみます。具体的に、基準点の周辺領域（8×8ピクセル）にある勾配情報を用い、さらにその周辺領域を4×4ブロックに分割します。周辺領域における矢印の方向は勾配方向を表し、長さは勾配強度を表します。つまり、1ブロックに4ピクセルの勾配情報が割り当てられます。

ブロックごとに8方向（45度ずつ）のビンを用いて重み付き方向ヒストグラムを作成するため、合計4×4×8＝128次元の特徴ベクトルが記述されます。最後に、照明変化などに対する影響を減少させるため、128次元の特徴ベクトルの長さをベクトルの総和で正規化します。

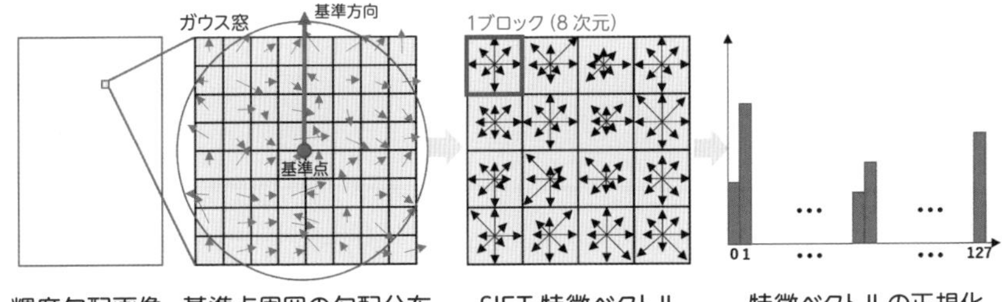

図22-5　SIFTにおける特徴記述子の抽出過程

まとめ

- フーリエ変換は、画像の全体的な周波数情報を抽出できる。
- 局所特徴の代表的なものとして、画像の明暗やコントラスト変化に頑健なLBP特徴がある。
- 特徴点ベースの局所特徴量として、回転やスケール変化に頑健なSIFT特徴がある。

23 特徴点検出

局所画像特徴量を抽出するため、特徴点検出器および局所特徴記述子をそれぞれ構築する必要があります。画像の内容によらない不変性や再現性、頑健性、弁別性などの性質を実現するため、特徴点検出が重要な第一ステップになります。

パッチの変化に基づくコーナー検出

コーナーを2つのエッジの交点として理解することができます。画像の角度や拡大率などで変化しにくいため、コーナーは特徴点としてよく用いられます。**コーナー検出**にはFAST、Harris、ORB、Shi & Tomasi法などさまざまな方法がありますが、ここではMoravecコーナー検出器を例として紹介します。

Moravecコーナー検出器では、ある参照点を中心とするパッチ（小さな矩形領域）を近傍8方向に平行移動させたときの画素値の差分の二乗和に基づいた誤差を計算します。図23-1に示すように、誤差の大きさによってパッチを「エッジ/平坦/コーナー」の3種類のタイプに分けることができます。

エッジ領域の場合、エッジ方向にパッチを移動させるとパッチの変化がないため、エッジ方向の誤差が生じません。平坦領域の場合、どの方向に移動させても誤差は生じません。コーナー領域の場合、どの方向に移動させてもパッチの変化が大きいため、誤差が生じます。したがって、近傍8方向への平行移動の前後でパッチ間の誤差が大きく生じるほど、コーナー領域である可能性が高いといえます。

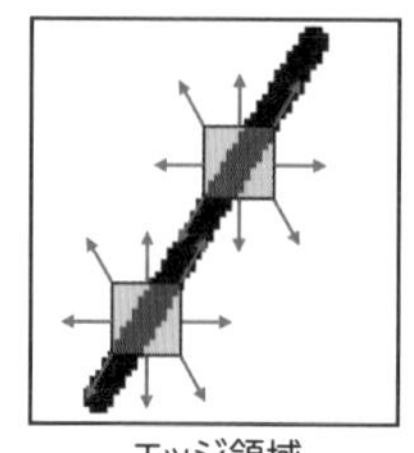
エッジ領域

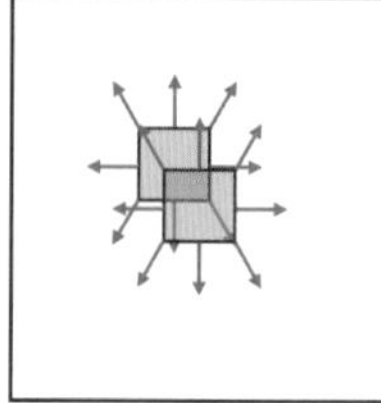
平坦領域

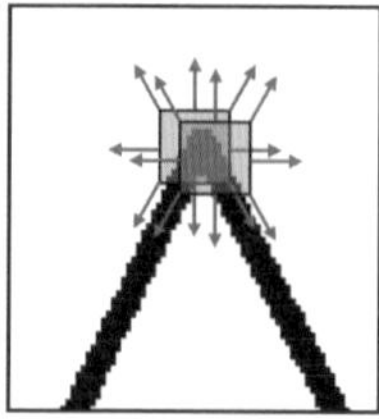
コーナー領域

図 23-1　パッチの変化に基づくコーナー検出

微分計算に基づくブロブ検出

ブロブは周辺領域に対して中心部分の値がより大きい（または小さい）領域として理解することができます。DoG、SURF、KAZE、MSER法などの検出器がありますが、ここでは**LoG**（Laplacian of Gaussian）について紹介します。

LoGは、ガウス分布を利用した平滑化フィルタ（ガウシアンフィルタ）で画像を平滑化した後、二次微分を利用して画像から輪郭を抽出する空間フィルタ（ラプラシアンフィルタ）で画素の変化量が最大の点を2階微分で求めるものです。ある画素における微分を画素値の変化量として考えます。

図23-2（左）に示すように、一次微分の結果における頂点は、元画像における変化量が最大の点を表します。二次微分の結果では軸と交わる点（ゼロクロス）がありますが、これは変化量の変化が一番大きい点を表しています。つまり二次微分の結果の中、値が0に近いほど特徴点の可能性が高くなります。

次に、図23-2（右）に示すように、ガウシアンフィルタの分散を変化させることで段階的に平滑化した画像に対して、ラプラシアンフィルタを適用することで、異なるスケールでのブロブを抽出することができます。分散の値は、ブロブのサイズにも関係しています。一般的にこの分散を調整した複数の階層を用意して特徴点の検出を行います。

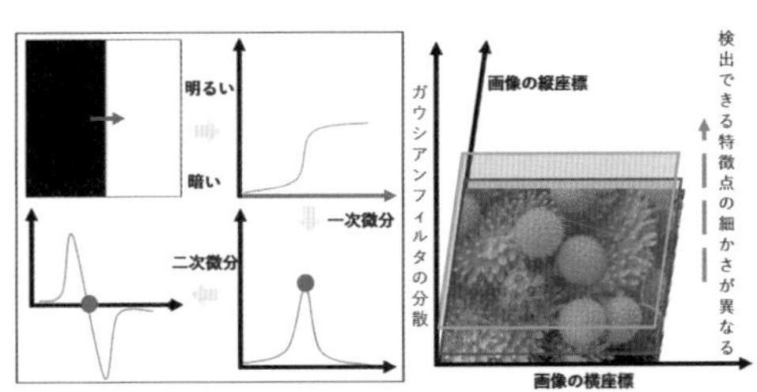

図 23-2　画素における二次微分（ラプラシアン）およびブロブ検出のイメージ

まとめ

- 画像中のコーナー点を特徴点として検出する手法がある。
- 画素における二次微分を用いてブロブを検出することができる。

24 図形要素の検出

画像から図形を抽出するためには、エッジの検出、エッジ情報を元にした輪郭線の検出、輪郭線から図形の形状をマッチングする処理の3つに分けられます。図形を形成する要素であるエッジと輪郭線の検出について紹介します。

エッジ検出

エッジ検出の方法として、ソーベルフィルタやラプラシアンフィルタなどがありますが、ここでは広く使用されているCannyエッジ検出器について説明します。

図24-1に示すように、まず画像上のノイズを除去するため、ガウシアンフィルタを適用して画像を滑らかにします。次のステップで勾配の計算が必要となるため、エッジの検出結果は画像のノイズに非常に敏感です。ここでは、ガウシアンフィルタを用いた画像畳み込み技術が適用されています。

次に微分画像から勾配の大きさ・方向を計算します。エッジは、ピクセルの強度の変化に強く関係しているため、勾配の情報はエッジ検出の主な基準となります。水平方向と垂直方向の両方向で、画素値の強度変化を強調するフィルタ（例えばソーベルフィルタ）を適用するのが一般的な方法です。

さらに細いエッジを検出するため、最大値ではないエッジ成分の抑制を細線化処理で行います。具体的に、注目画素の画素値とエッジの勾配方向に隣り合う2つの画素値を比較し、3つの画素の中で注目画素の画素値が最大（最も明るい）でない場合、画素値を0に置き換えます。

また、途切れてしまっているエッジをつなげるには、信頼性の低い輪郭を除去するための閾値処理を行います。最後に、エッジ領域を明確化するために二値化処理を行います。

図 24-1　Canny エッジ検出法の流れ

輪郭線検出

エッジ検出の二値化画像の中に、画素値が0でない画素が隣接してできた領域があります。このような独立している領域の輪郭を検出できれば物体検出にも応用できます。

図24-2は、画像中の基本図形を探しその輪郭を緑の線で囲む例です。まず、エッジ情報を抽出し、次にその二値画像に対して**輪郭線の検出**アルゴリズムを適用します。具体的に二値画像（白がエッジで黒が背景）に対してラスタスキャン（左上の画素から右下の画素まで行ごとにスキャンする）していき、白い画素が見つかったらその画素から始まる輪郭線を追跡していく方法をとっています。

輪郭線の追跡については注目画素の周りを時計回りに確認していき、初めて白となる画素にスキャン位置を移動させます。この操作を繰り返し行い、輪郭を検出します。

端点に到達する、またはもとの位置の画素に戻ってきたら、再びラスタスキャン順に白い画素を探し、同様の処理を繰り返します。さらに、よりきれいな輪郭を抽出するためには、階層的な輪郭線が現れたときに最も外側の閉曲線のみを抽出することや、抽出される輪郭線が水平方向、垂直方向、45度傾き、135度傾きに直線的につながるときにそれらを端点だけで近似するなど、追加処理も可能です。

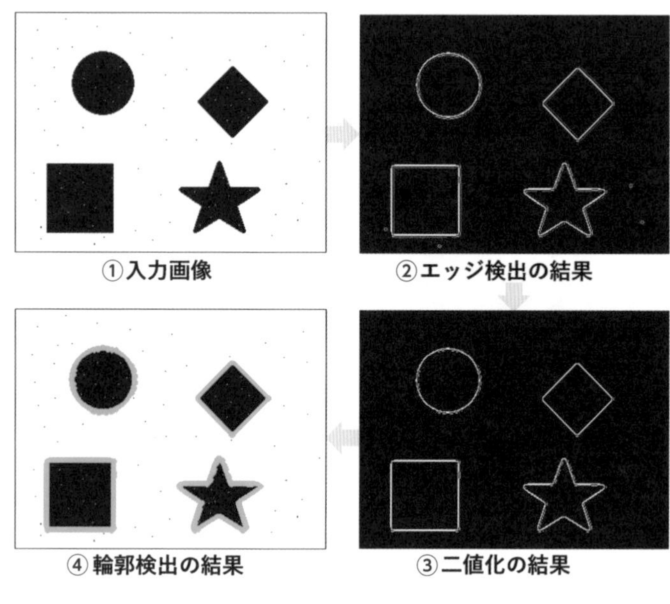

図 24-2　図形における輪郭線検出の例

まとめ

- 図形要素を画像中から検出するため、エッジ検出、輪郭線検出、形状マッチング処理が行われる。
- エッジ検出方法として、ソーベルフィルタやCannyエッジ検出器などがある。
- 抽出されたエッジ情報から、その近傍領域における連結性を評価することで、輪郭線を検出することができる。

25 画像マッチング

テンプレートマッチングは、テンプレート画像と一致する領域をターゲット画像から見つけ出す処理であり、物体検出の基礎的な手法の1つです。テンプレートを変えることで、任意の物体やパターンを検出できます。

テンプレートマッチングの概要

図25-1に示すように、検出したい対象物の画像（テンプレート画像）と探索する対象画像（ターゲット画像）が与えられているとします。ターゲット画像の左上（原点）に探索窓を設定し、その領域内の画素とテンプレート画像の画素の差を計算します。次に、探索窓を右（x方向）に1画素以上移動させ、再び画素差を計算します。この処理を繰り返し、探索窓が右端に到達したら左端に戻りますが、1画素以上、下（y方向）に探索窓を設定します。そして再び右方向に探索窓を移動させながら画素差を計算していきます。これを繰り返すことで、ターゲット画像全体を探索することができます。

この探索方法は**スライディングウィンドウ**と呼ばれています。探索が終了したら、最も画素差が小さかった領域を出力することでテンプレート画像と一致する領域を特定できます。

もし対象物がテンプレート画像よりも大きく、あるいは小さくターゲット画像に現れる可能性があるとき、複数サイズの探索窓で画像全体を繰り返し探索することになります。

対象物が回転している場合は、回転させた複数のテンプレート画像を事前に用意しておく必要があります。このように、考えられる変換の種類が多くなるほど、**テンプレートマッチング**の計算量は多くなるのが欠点です。

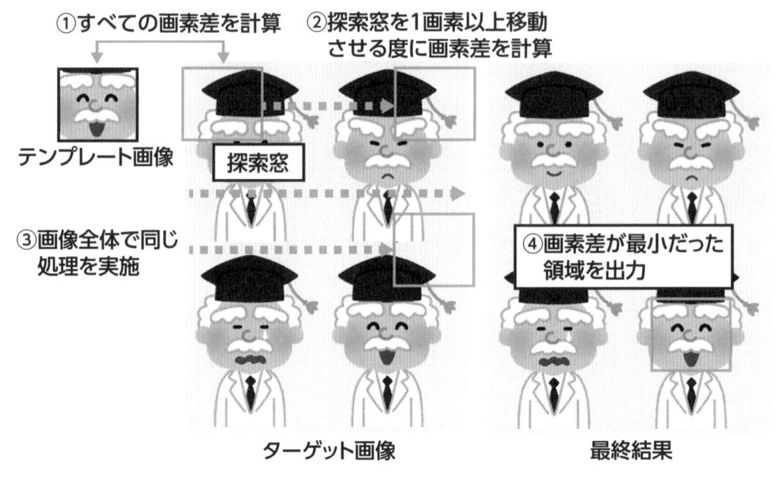
①すべての画素差を計算
②探索窓を1画素以上移動
させる度に画素差を計算
テンプレート画像
探索窓
③画像全体で同じ
処理を実施
④画素差が最小だった
領域を出力
ターゲット画像
最終結果
①～④の順に実施します。

図 25-1　テンプレートマッチングの概要

進化計算の活用

最も原始的な高速化の方策としてSSDA法（Sequential Similarity Detection Algorithm）は常用されますが、元より限界があります。

その先には、考えられる変換パラメータの種類が増えても高速なマッチングをするために、P.124で説明されている特徴点を活用する方法があります。

別な方法として、**進化計算**と呼ばれる組み合わせ最適化問題を解ける手法を活用する方策があります。例えば、進化計算手法の1つである**遺伝的アルゴリズム**や**差分進化**といった手法が挙げられます。詳細は省略しますが、これらの手法はテンプレート画像との画素差を最小化するような複数の変換パラメータを同時並列的に探索することができます。

図25-2に進化計算手法を用いたテンプレートマッチングの概要を示します。

進化計算は最適化を目的とした人工知能の一種です。テンプレートマッチングとは、テンプレートと一致する部分を見つけることです。これを「テンプレートと一致する領域を表すために必要な幾何学変換パラメータ（例えば、大きさの変化や回転角度）を見つける」と考えると、最適化と捉えることができます。

初めはランダムに変換パラメータを複数生成し、テンプレートをターゲット画像に配置します。次に各領域との画素差を計算します。この画素差が変換パラメータの評価値となります。この評価値が最小となるように進化計算手法はパラメータを最適化します。この手法を活用すれば効率的に正確なマッチングが可能となります。

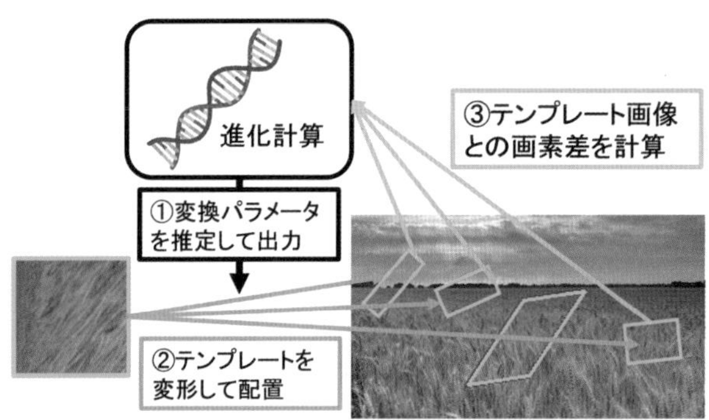

図 25-2　進化計算に基づくテンプレートマッチング [31]

まとめ

- 事前に登録した画像をテンプレートとして、似た画像領域を探索する処理をテンプレートマッチングと呼ぶ。
- 画像変動に対応したテンプレートを多数用意することで、さまざまな条件下でのマッチングを実現する。
- テンプレートやパラメータの増大による計算量増加に対応するため、進化的計算手法が適用される。

26 形状マッチング

ここでは、物体の形状に注目したマッチング方法について説明します。このマッチング方法を活用することで、共通の形状を持つ物体、例えば道路標識や人間の黒目の部分である虹彩などを検出することができます。

ハフ変換による円の検出

ハフ変換は画像中の円や直線を検出できる手法として知られています。ここでは円の検出を例に説明します。

例えば図26-1(a)に示すように硬貨が複数枚映っており、その枚数を数えたいとします。すべての硬貨に共通する特徴としては、形状が円であることです。したがって、画像からすべての円を取得できれば、枚数を数えることができます。

ハフ変換で円検出をする前には、図26-1(b)に示すようにエッジ画像（物体の輪郭線を抽出した画像）を作るのが一般的です。エッジ以外の画素は不要だからです。このエッジ画像からそれぞれの円の方程式を推定します。

詳細は割愛しますが、半径r、中心座標（a,b）の円を構成しているすべての画素のx、y座標を（a,b,r）空間に射影すると、すべて同じ1点にプロットされるという特徴を使用しています。逆に、円を構成していない画素は別な点にプロットされます。同じ1点にプロットされている数が多いほど円である可能性が高いため、その(a,b,r)座標から円の方程式を導くことで、円を検出できます。図26-1(c)に検出結果例を示します。すべての硬貨を検出できていることがわかります。

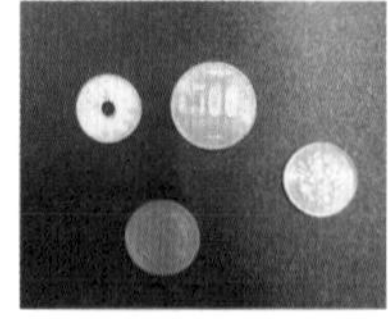

(a) 対象画像

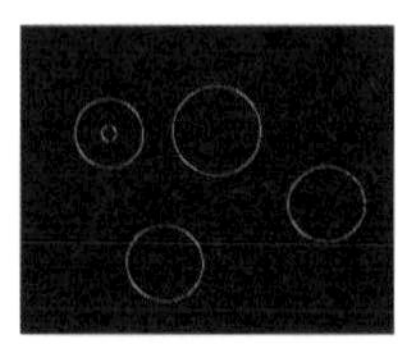

(b)Canny 法によるエッジ検出結果

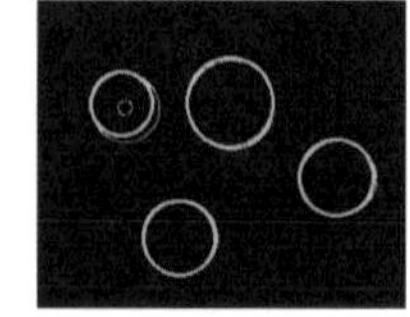

(c) ハフ変換による円の検出結果

図 26-1　ハフ変換による円検出の例

楕円と四角形の取得

用途によっては、円以外に楕円や四角形を画像から取得したい場合があります。例えば図26-2 (a)の画像から、楕円と四角形を取得することを考えます。まず前処理として、ハフ変換による円検出と同様に、事前にエッジ検出といった形状情報のみを残す処理を実行します（図26-2 (b)）。次に、エッジ画像から輪郭検出処理を実施し、楕円の場合は得られた輪郭に対して最小二乗法により楕円を表す式を推定します。このように図形群がクラスター化されている場合は最小二乗法も有効です。その結果を図26-2 (c)に示します。

取得された各図形の輪郭に対して最も誤差が最小となるような楕円が取得されていることがわかります。図26-2 (d)は四角形の検出結果を示しています。こちらは４つの頂点があるという情報を利用しているため、四角形のみ検出できています。

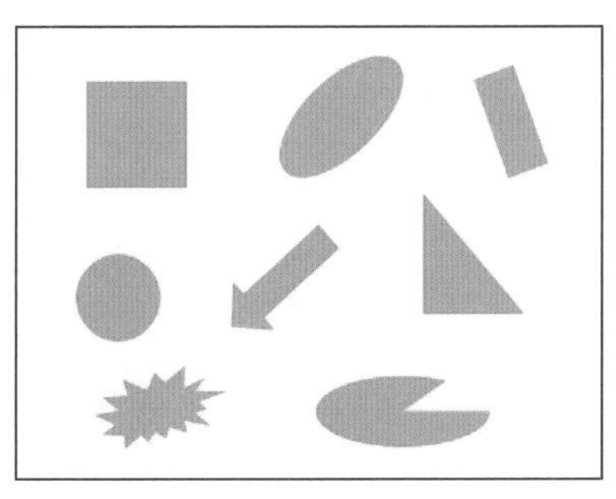

(a) 対象画像

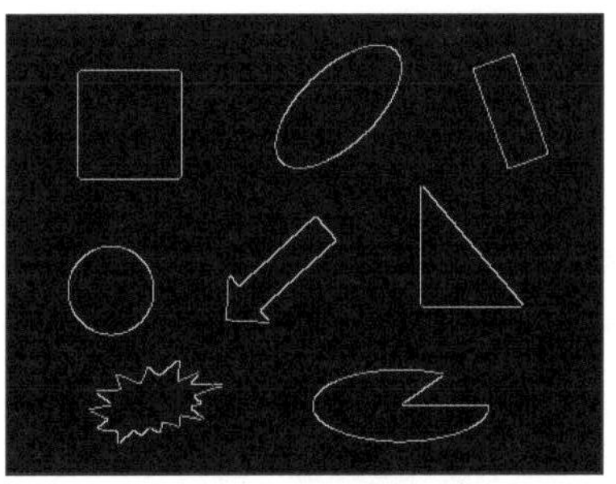

(b) エッジ画像

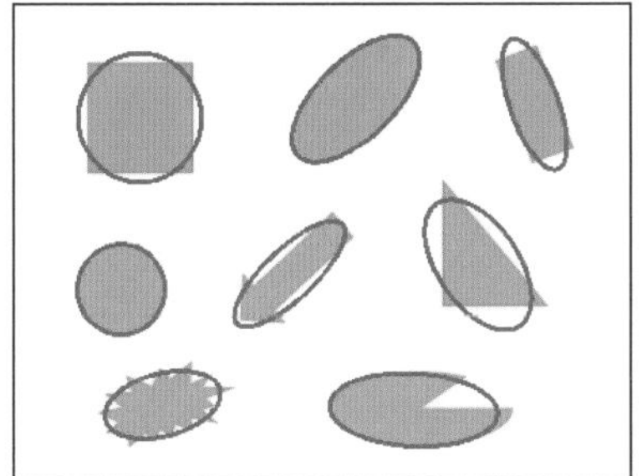

(c) 楕円フィッティングの結果

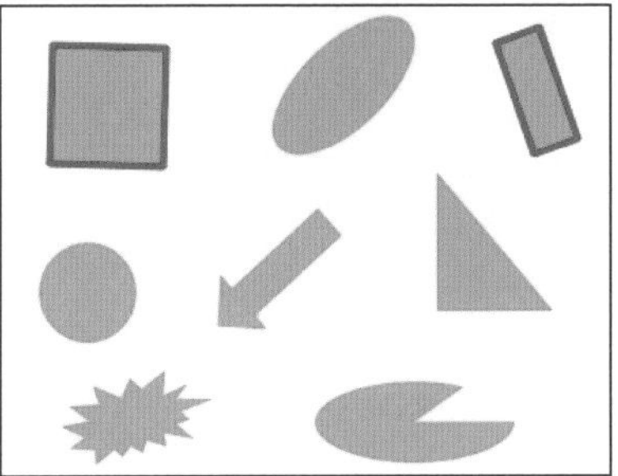

(d) 四角形検出の結果

図 26-2　楕円や四角形検出の例

複雑な形状のマッチング

円のような基本的な形状ではなく、より複雑な形状でマッチングしたい場合があります。これはすでに説明したテンプレートマッチングを活用すればすぐに実現できます。ハフ変換にも**GHT**（Generalized Hough Transform）という任意形状検出手法もありますが、コスト的に課題があります。原理的には、ハフ変換と同様にテンプレート画像とターゲット画像のエッジ画像を用意し、スライディングウィンドウで探索すればターゲット画像中から検出できます。

図26-3(a)は、Canny法でエッジ抽出を施した画像です。

もし笑顔を検出したい場合、図26-3(b)に示すように、エッジ抽出された笑顔のテンプレート画像を用意します。このテンプレート画像と画素差が最小となる領域をターゲット画像から探せば、図26-3(c)に示すように笑顔を検出できます。顔の表情の形状はよく観察すると複雑ですが、テンプレート画像をエッジ画像に変えるだけですぐに任意の形状を検出することができます。

(a) ターゲット画像

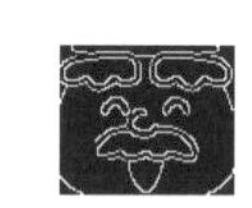

(b) テンプレート画像

(c) 検出結果

図 26-3　複雑な形状のマッチング例

非剛体物体の形状マッチング

医用画像処理では、診断のために異なる日に撮影された同一人物のレントゲン画像を位置合わせする必要があります。しかし、人間をまったく同じように固定して撮影するのは困難であるため、図26-4(a)と(b)のように幾何学変換では対応できないような歪みが起きます。これに対処するための一手法として、**B-spline曲線**を活用する方法があります。

図26-4(c)に示すように、ソース画像に格子状に制御点を配置し、ターゲット画像と一致するように制御点を移動させます。この点に基づいて滑らかに画像を変形させることで、**非剛体物体**のマッチングが可能となります。

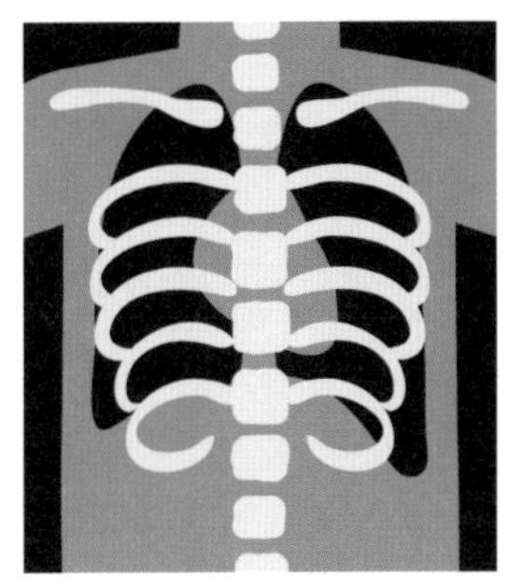

(a) ソース画像

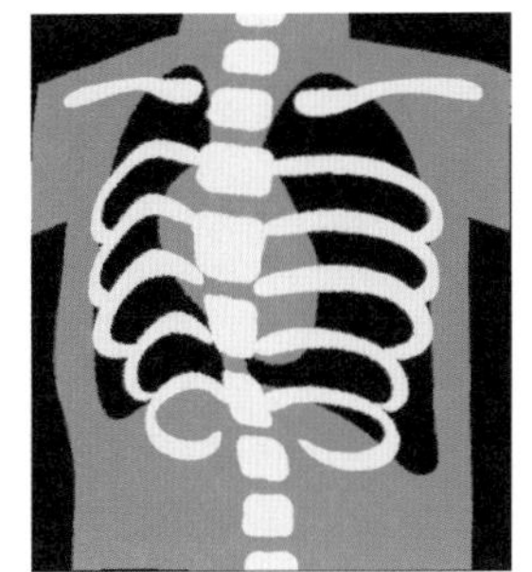

(b) ターゲット画像

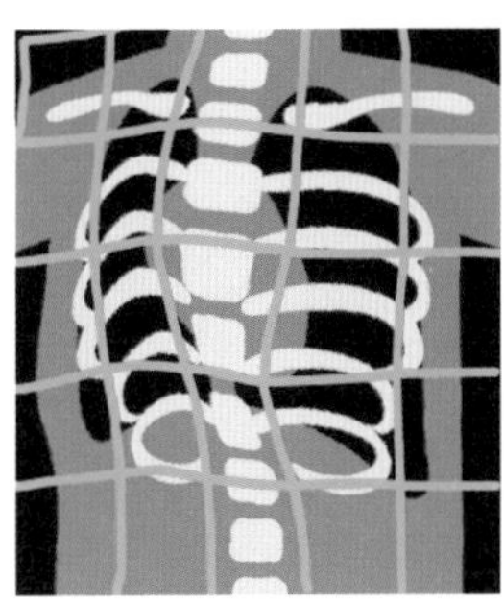

(c) B-spline曲線に基づく位置合わせ

図26-4　B-spline曲線を用いた非剛体物の変形の例

まとめ

- **ハフ変換は、画像中のエッジ情報から、円や直線などの図形要素を検出する。**
- **一般化ハフ変換は、直線や円のほか、数式で表現される任意の図形を検出する。**
- **非剛体物体の形状変形に対応するため、B-spline曲線を用いたマッチング手法が用いられる。**

27 特徴点マッチング

対象物の位置と姿勢が3次元的に変化する場合は、前節で説明されている特徴点を活用することで、これらの変化に強いマッチングが可能です。また、処理が高速である利点もあります。この方法について説明します。

特徴点マッチングの流れ

テンプレートマッチングは対象物体の平行移動やスケーリングには対応できますが、回転に対応するのはコスト的に困難です。したがって、対象物の位置と姿勢が3次元的に変化する場合は、**特徴点に基づくマッチング**がとりわけ効果的です。具体的な処理について説明します。

図27-1に示されているように、テンプレート画像とターゲット画像を用意します。次に**SIFT**や**AKAZE**といった特徴点検出手法を使い、各画像から特徴点群を取得します。その後、各特徴点の対応付けをします。対応付けされた結果から、変換パラメータを推定します。この推定結果を用いることで図27-1に示すように正確なマッチングが可能になります。

図 27-1　特徴点ベースのマッチング例 [32]

RANSACによる外れ値の除去

変換パラメータを正確に推定するためには、十分な量の特徴点をテンプレート画像とターゲット画像から取得することに加えて、それぞれの特徴点どうしを正確に対応付ける戦略と方策をたてることが重要です。

その代表的な例として、**RANSAC**（RANdom SAmple Consensus）と呼ばれる手法がよく使用されます。この手法は、ロバスト推定アルゴリズムの代表格であり、外れ値にロバストな回帰が可能です。ロバストとは、システムなどが持つ「外乱に対する強さ」を指す言葉です。外乱を受けても動作が安定していたり、影響を最小限に抑えたりする仕組みのことを指します。

例を図27-2(a)に示します。水色の円がデータを意味しています。このようなデータが与えられたとき、感覚的にはオレンジの線で回帰するのがベストです。しかし最小二乗法で回帰すると、外れ値の影響を受けて緑線のように不適切な結果が得られます。

外れ値に頑健な回帰式を作るために、RANSACでは初めにランダムに回帰式を一時的に作り、その式に当てはまるデータ数（図27-2(b)の緑点）を取得します。このデータ数を最大化する式が得られるまで繰り返すことで、外れ値に頑健な回帰式を取得できます（図27-2(c)）。このように、このRANSACを使うことで特徴点の対応付けにおける誤対応を避けることができます。

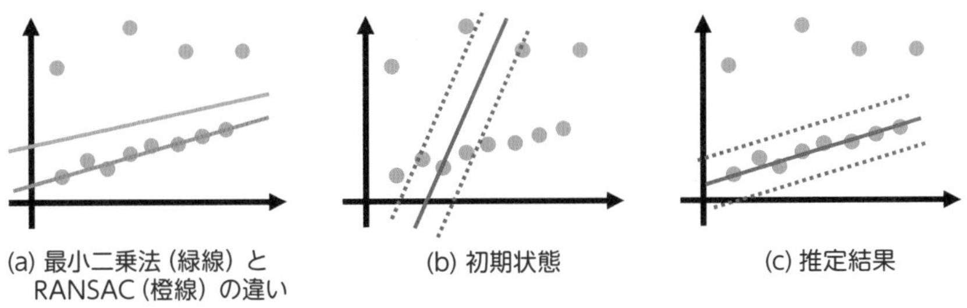

(a) 最小二乗法（緑線）と
RANSAC（橙線）の違い
(b) 初期状態
(c) 推定結果

図27-2　RANSACの概要

3 画像処理技術の詳細～パターン検出と画像識別～

特徴点マッチングの利用例

特徴点マッチングは3次元的な位置と姿勢、明るさの変化に対して頑健です。したがって、複数枚の画像をつなぎ合わせてパノラマ画像を簡単に生成することができます。図27-3にその例を示します。視点が異なるそれぞれの画像で特徴点（白丸）を検出し、RANSACで各特徴点を正確にマッチングします。そして、その対応結果から射影変換行列（H／ホモグラフィ行列）を推定します。この行列Hに基づいて図27-3右上の画像を変形し、左上の画像とつなぎ合わせることで、パノラマ画像を作ることができます。

図27-3　特徴点マッチングを活用したパノラマ画像の生成 [33]

AIを活用したより頑健なマッチング

マッチングさせる画像の見た目の変化により頑健な特徴点を検出するために、最近ではAIが活用されています。図27-4に従来手法と最新のAIを使った手法による実験結果例を示します。

(a)はマッチングさせる2枚の対象画像です。(b)は従来の特徴点検出手法でマッチングした結果例を表しています。(c)はAIを使った最新手法による結果例です。(b)と(c)を見比べると、両対象画像にともに映り込んでいる建物とその周辺から検出される特徴点の数はAIのほうが多いことがわかります。また、AIのほうは緑の点が多いことから、マッチングエラーが少なく、より正確なマッチングができることが示されています。

(a) マッチングさせる2枚の対象画像

(b) 従来手法によるマッチング結果

両画像でマッチングした特徴点は色の付いた点で示されている。色の違いはマッチングエラーを示しており、緑色ほどエラーが少なく、赤色ほど多いことを意味している。

(c) AIによるマッチング結果

図27-4　AIを活用した特徴点マッチングの例 [34]

まとめ

- 特徴点マッチングは、画像中の特徴点を検出し、特徴点周辺の特徴量を画像間で比較する。
- 特徴点群から外れ値となる特徴点を除去することで、マッチング精度を向上させることができる。

3 大局視覚の有力株、ハフ変換の見どころ

P.V.C.Hough博士の名にちなんだハフ変換は、ノイズのひどい画像中からでも直線群、円群、楕円群などを検出できるパターンマッチング技法の有力株です。普通は図Aのような最小二乗近似法が力を発揮しますが、パターン群がマルチモーダルになるとハフ変換が登場します。

ハフ変換の原理は、画像全体 (x, y) の大局処理をパラメータ平面 (ρ, θ) の局所処理に置き替えることができることです。この原理は、多くの実利用研究と原理を根本的に打破しそうな型破りなハフ変換も生み出しました。前者の高速化版にはCHT、RHT、FIHT、余弦三項漸化式HTなど、その省メモリ版にはPLHT、SWGAなどが有名です。型破りなハフ変換には、任意図形検出のGHT、γ - ωハフ変換、EHTなどがあります。いずれも、これらの核心には パターン集合とパラメータ集合の全単射関数の存在さえ担保されたら、ほぼ無数のハフ変換の世界が広がることが明らかになっています。

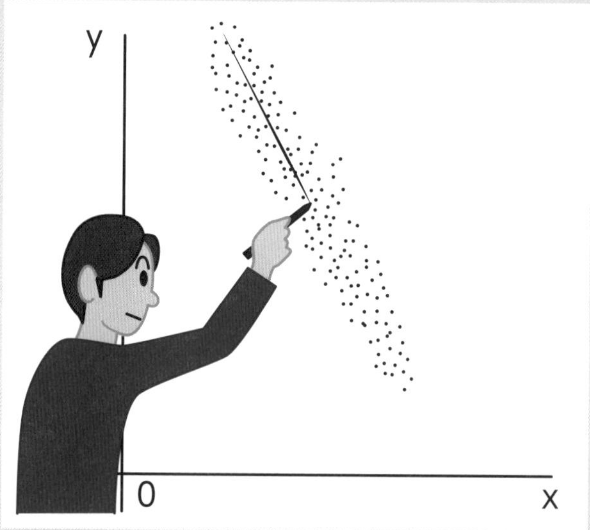

パターン推定の点集合がクラスター化されていれば最小二乗近似でうまくいくが、そうでなければ、ハフ変換が登場！

図A　最小二乗近似とハフ変換

4章 最先端画像センシング技術

画像処理も機械学習、深層学習全盛の時代となっていますが、未だにこれまで多くの研究者によって培われてきた画像処理手法も活用されています。前章では、画像からの特徴抽出手法について紹介しましたが、本章では一般的な画像認識の流れ、画像特徴抽出から画像識別について解説します。続いて画像認識タスクにおいて有効性の高い機械学習、畳み込みニューラルネットワーク、近年話題となっているTransformerについても取り上げています。また、教師なし、教師あり学習を含むさまざまな学習手法についても紹介します。

28 画像認識の流れ

画像認識の流れは、前処理、特徴量抽出、識別が一般的です。このハンドクラフトによる手法は、人がデータを解析・設計しているのに対し、深層学習による手法は、データに基づいて学習・設計しているといえます。

深層学習による手法とハンドクラフトな手法

画像認識とは、入力画像から物体を検出したり、識別（分類）したりすることです。図28-1のように、カメラで画像を取り込み、コンピューターで対象が何であるか分類したり、対象が良品か傷があって不良品か異常検知したりします。コンピューターにおける処理は、「ノイズ除去などの前処理＞特徴量抽出＞識別」の流れが一般的です。最近では、これらを畳み込みニューラルネットワークで構成する**深層学習**による手法がほとんどです。

深層学習による手法に対して、前処理、特徴抽出、識別のアルゴリズムをそれぞれ個別に考案・選定する方法を**ハンドクラフトな手法**といいます。深層学習による手法はP.154以降で詳しく説明しますので、ここではハンドクラフトな手法を中心に説明します。

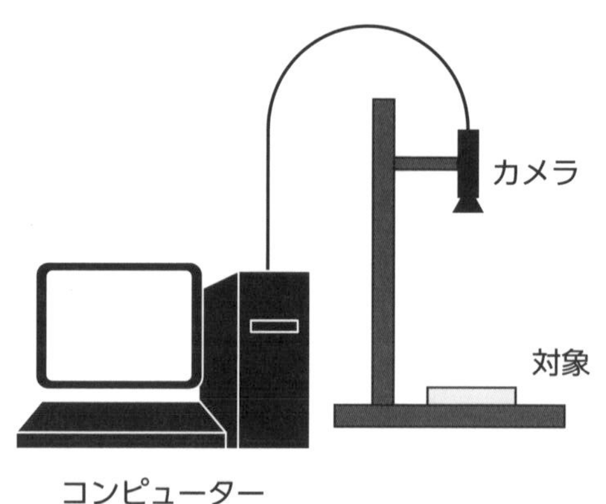

図 28-1　画像認識（カメラ、コンピューター、対象）

画像認識の流れと実装の心得

画像認識の流れは、図28-2のようになります。取り込んだ画像を入力画像として処理します。まず前処理としてノイズ除去などで特徴抽出しやすくします。次に、対象のキーとなる特徴を抽出します。特徴抽出は画像認識性能を左右します。識別は、特徴空間におけるパターンの距離に基づいて行います。特徴空間において、同じクラス（カテゴリ）のパターンは近いところに固まって分布し、異なるクラスは離れて存在することが理想です。それぞれにクラスは近いところにあり、異なるクラスは離れていて、クラス内分散は小さく、クラス間距離は大きくなるような特徴量を選択する必要があります。

特徴量がうまく分布するように、有効になりそうな画像データは強調し、特徴量に有効でない画像データは抑制、除去する画像処理が前処理です。学習と識別はセットになっています（図28-2）。既知データを用いて識別辞書を作成し、パターンを学習しておきます。そして、未知データを**識別辞書**と比較することで識別します。前処理、特徴抽出は、学習においても識別においても同じ処理をします。

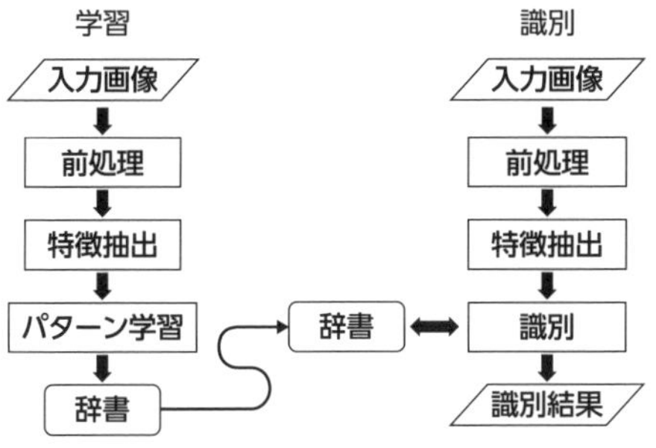

図 28-2　画像認識の流れ

まとめ

- **画像認識とは、入力画像から物体を検出、識別することで、ノイズ除去などの前処理、画像特徴抽出、識別の順に行われる。**
- **識別では、事前に既知データから識別辞書を作成し、未知データを識別辞書と比較する。**

29 画像認識のための特徴抽出

画像からの特徴抽出の方法については、3章でも述べましたが、ここではより具体的かつ単純な事例を挙げて、画像認識のため画像特徴量について解説します。適切な画像特徴量の設計は、画像認識の性能に大きく影響するため重要です。

人の知見（形式知）による特徴抽出

特徴抽出とは、入力画像の何に注目すると物体を検出したり識別（分類）したりすることができるか、に応える技術です。例えば図29-1に示す、トマト、レモン、ピーマンを認識（分類）する場合、色と形に注目すれば認識（分類）できそうです。ただし、色、形は具体的な数値ではないため、コンピューターに学習させる特徴量としては使用できません。色を具体的な数値にするためには、{R（赤）、G（緑）、B（青）} の値を使用したり、色の三属性（色相・彩度・明度）の色相を使用したり、**Lab色空間**の値を使用したりする必要があります。

Lab色空間は、人間の感覚に近い均質な色空間として考案された色空間です。Lは明度を表し、白（100）-（0）黒の軸、aとbが色を表し、aは赤（＋）-（―）緑軸、bは黄（＋）-（―）青軸を表しています。

例えば、色を特徴量として、{R（赤）、G（緑）、B（青）} の値を使用する場合、特徴量xは、

$$x=(x_1,x_2,x_3)^t$$

の3次元ベクトルで表されます。ただし、x_1はR成分、x_2はG成分、x_3はB成分を表しています。具体的には、

$$x_{tomato}=(235,85,78)^t, x_{lemon}=(236,239,40)^t, x_{green\_pepper}=(63,186,58)^t$$

のようになります。Rの値に着目すると、トマトがほかに比べて大きい値にな

ると思われますが、実際は、レモンと同じぐらいになっています。トマトが赤いのは、RGB値の中で相対的にRが大きい値になっているからです。白はRGB値とも大きい値になります。

一般的にd次元の特徴量は、

$$x=(x_1, x_2, x_3 \ldots, x_d)^t$$

で表されます。

次に、例えば形状を特徴量とすることを考えます。形も具体的な数値にするためには、円形度を使用してみます。円形度(*circle_level*)は次式で表されます。

$$circle\_level=4\pi S/L^2$$

ただし、Sは対象の面積、Lは対象の周囲長を表しています。

このとき、対象の面積や周囲長を計算するためには、画像から対象(この場合、トマト、レモン、ピーマン)領域を抽出する必要があります。人間が自然に行っている認識をコンピューターにやらせようとすると、このようなさまざまなプロセスが必要になっています。

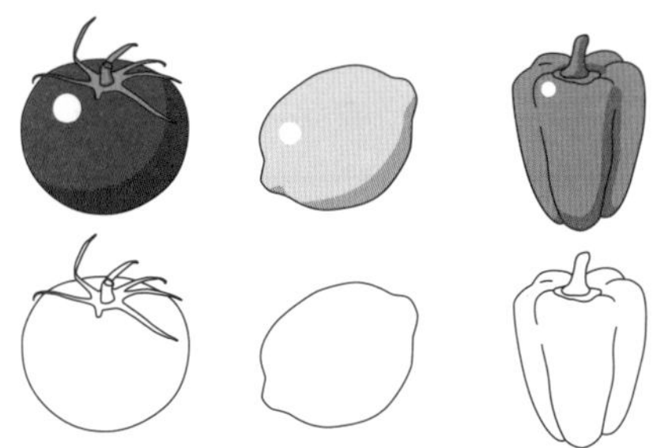

図 29-1　トマト、レモン、ピーマンの形状特徴

まとめ

- 画像特徴抽出は、識別に有効な画像上の特徴(色、形状など)を抽出するものである。
- 識別対象に応じた適切な画像特徴量の設計は、認識性能に大きな影響を与える。

30 画像識別

画像特徴を用いて、入力された画像データを適切なクラスに分類する画像識別の手法について説明します。識別に有効な特徴量の設計と合わせ、学習データから適切な識別境界を得ることも画像識別において重要です。

画像識別と特徴空間

識別手法とは、入力データを適切なクラス（カテゴリ）に分ける手法です。クラス（カテゴリ）に分ける課題を分類問題といいます。分けるクラス（カテゴリ）が2つのとき二値分類といいます。3つ以上のときは、多値分類といいます。P.145で一般的にd次元の特徴量は、$x = (x_1, x_2, x_3 \ldots, x_d)^t$ で表すことができることを示しました。このd次元の空間を**特徴空間**といいます。

例えば、特徴量が $x = (x_1, x_2)^t$ の2次元ベクトルの場合、図30-1に示すように、特徴空間は2次元になります。

識別は特徴空間を介して行われ、特徴空間の距離で識別します。学習データと未知の入力データの距離を計算します。未知データは近いクラス（カテゴリ）に識別されます。この識別手法を最近傍決定則（Nearest Neighbor Rule、略してNN法）といいます。すべての学習データと距離を計算するためには、すべての学習データを記憶する大きなメモリを必要とします。また、距離計算の時間も無視できないので各クラス（カテゴリ）の代表点との距離で識別するのが一般的です。

この各クラスのデータの代表点（例えば、重心）を**プロトタイプ**といいます。未知の入力データがどのクラスのプロトタイプに近いか、どのクラスに属するかは、プロトタイプ間の垂直二等分線のどちらに属するかで決定できます。

プロトタイプと識別超平面

未知のデータが入力されて、各クラスのプロトタイプとの距離を計算して、どのクラスかを識別します。この特徴空間において各クラスの領域（陣地のようなもの）に入力されたら、そのクラスと識別することは同義です。

このように、特徴空間におけるプロトタイプの位置が決まると、クラス間の境界を決めることができます。この境界を識別超平面といいます。特徴空間が2次元のときは、境界は識別直線になり、3次元のときは、識別平面になります。一般的に特徴空間は3次元よりも高い4次元以上になり、識別超平面といいます。

識別手法における学習とは、学習データを用いて適切な境界（識別超平面）を決めることです。

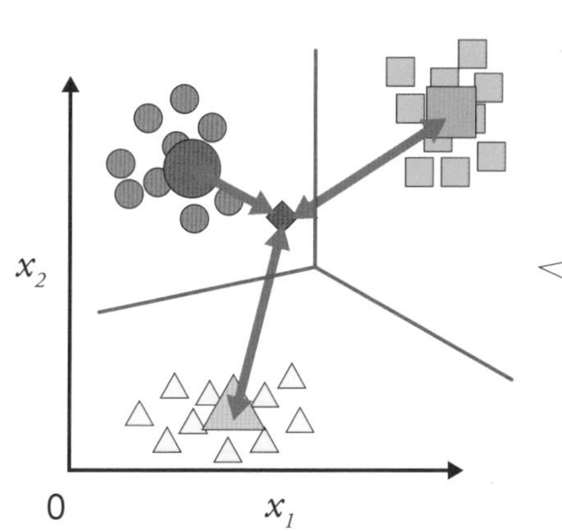

特徴量は、$x=(x_1,x_2)$ の2次元の場合を示しています。145ページの例のトマト、レモン、ピーマンのデータ10個ずつを、赤の●、黄色の▲、緑の■で示します。これらの真ん中付近にある少し大きい、赤の●、黄色の▲、緑の■は、プロトタイプを示しています。

図 30-1　特徴空間と識別超平面

まとめ

- **画像特徴により、入力画像を適切なクラスに分類する処理を画像識別と呼ぶ。**
- **画像特徴量から作られる特徴空間における学習データと未知入力データの距離によって識別が行われる。**
- **識別手法における学習とは、学習データを用いて適切な境界（識別超平面）を決めることである。**

31 機械学習による画像認識

機械学習とは、コンピューターが大量のデータから学習を行うことで、識別に有効なパターン・特徴などを見つけ出し、未知の入力データに対して予測、推定できるような仕組みを実装することです。

画像認識に機械学習が登場

見た目が似ている“ピーマン”と“パプリカ”とを区別できるようになったのは、“パプリカ”をスーパーで見慣れ、学習したからではないでしょうか。人間が学ぶように、コンピュータが学習することを、**機械学習（Machine Learning）**といいます。

機械学習とは、コンピュータが大量のデータから反復的に学習を行うことで、識別に有効なパターン・特徴などを見つけ出し、未知の入力に対して予測、推定できるような仕組みを実装することです。

一般的に機械学習は、**教師あり学習**（Supervised Learning）と、**教師なし学習**（Unsupervised Learning）に大別できます。多くは教師あり学習ですが、異常検知などのタスクは事前に異常データが存在しないことが多いので教師なし学習になります。異常検知のタスクでは、事前に異常データの十分な量の収集が困難なため、学習には正常データのみを用いることになります（P.32、P.194参照）。

異常検知は、正常データのみを用いますが、正常というラベルは用いないで学習するため、教師なし学習といわれます。正常データのみを用いた学習といいましたが、コンピューター（機械学習）にとっては、ラベルが付いていないデータが入力されていますので、正常、異常は関係なく、入力された大量のデータをかたまりとして学習しています。そして、未知の入力データが、そのかたまりに対して外れ値のとき、異常としています。

機械学習の有力な手法群

機械学習の有名な手法には、サポートベクターマシン（SVM）、ランダムフォレスト、ニューラルネットワーク、アダブーストなどがあります。**サポートベクターマシン**は二値分類の識別器で、サポートベクターマシンを多値分類に使うときは、工夫が必要です。ランダムフォレストは多値分類の識別器です。

ニューラルネットワークの層を深く（多く）したものが、現在でもなお注目されている**Deep Learning**です。その1つである畳み込みニューラルネットワーク（Convolutional Neural Network：CNN）は、画像認識で成果を挙げています。

ランダムフォレスト、**アダブースト**は、アンサンブル学習です。アンサンブル学習とは、“3人寄れば文殊の知恵”とでもいうべき学習方法で、複数の識別器を組み合わせて用いることにより、識別精度を向上させる機械学習です。

機械学習は、人工知能（Artificial Interigence：AI）の1つで、これらの階層的関係が整理できます（図31-1）。

図 31-1　機械学習の階層関係

まとめ

- **複雑な画像認識タスクにおいて、大量の学習データを用いた機械学習ベースの画像識別手法が主流となっている。**
- **機械学習は、教師あり学習と教師なし学習に大きく分類される。**
- **機械学習手法にはさまざまなものがあるが、画像認識では、Deep Learningの1つであるCNNが大きな成果を挙げている。**

32 顔画像認識

機械学習の適用によって、飛躍的に認識性能が向上した事例として、顔画像認識があります。ここでは、機械学習による画像認識事例として身近な、顔画像検出と顔画像認証について解説します。

顔検出

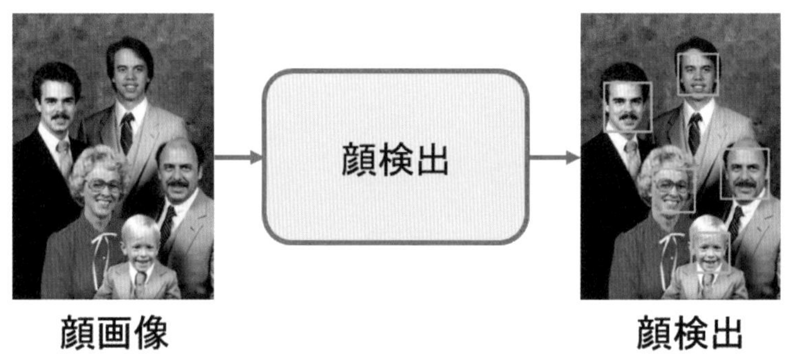

図 32-1 顔検出 (画像は WIDER FACE [35])

図32-1のような画像から1人ずつの顔の領域を検出する顔検出 (Facial Detection) は、デジタルカメラにも使用されており、身近なものになっています。画像中の顔を検出する研究は、コンピュータービジョンにおいて長く研究されてきたテーマの1つです。

顔の形状や目、鼻、口の位置関係は多くの人で共通しているため、これらの情報を活用すれば画像から顔を検出することは簡単に思えます。しかし、図32-2を見てください。この図は顔検出のベンチマークとして公開されているデータセットであり、すべて現実世界で撮影された画像です。

この図を見ると、顔の形状や位置関係だけの情報ですべての顔を検出することは困難であることがわかります。もちろん、証明写真のような固定された環

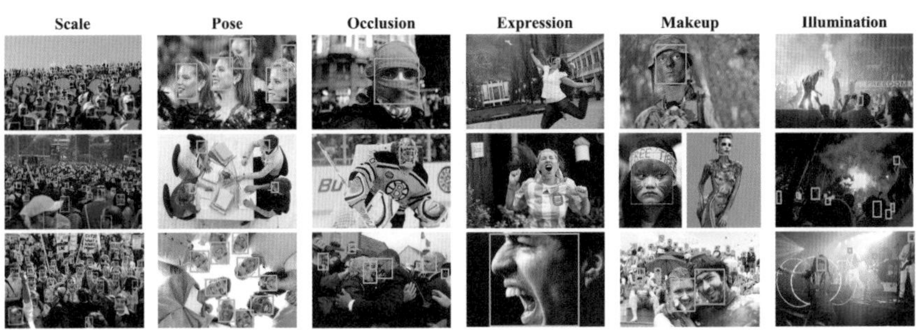

図 32-2　顔検出のベンチマークとして公開されている WIDER FACE dataset [35]

境で撮影された画像であれば、簡単な画像処理の組み合わせで正確に検出や認識が可能ですが、撮影環境が固定されていない画像で顔検出や認識をする必要がある場合、多様な顔画像を含むデータセットを用いた機械学習手法を用いる必要があります。

顔検出の手法としては、Viola と Jones の2人が考案した**Viola-Jones顔検出アルゴリズム** [36] が有名です。Viola-Jonesアルゴリズムは、Haar-like特徴、積分画像、Ada-boost学習、およびカスケード分類器の主に4つの処理から成り立っています。画像を小領域に分割し、検出はスライディングウィンドウ方式で小領域ごとに実行されます。特徴量の設計は研究者自身が行っていますが、多くの特徴量の候補の中から、顔の検出に有効なものを学習により選択している点が重要です。

顔認識

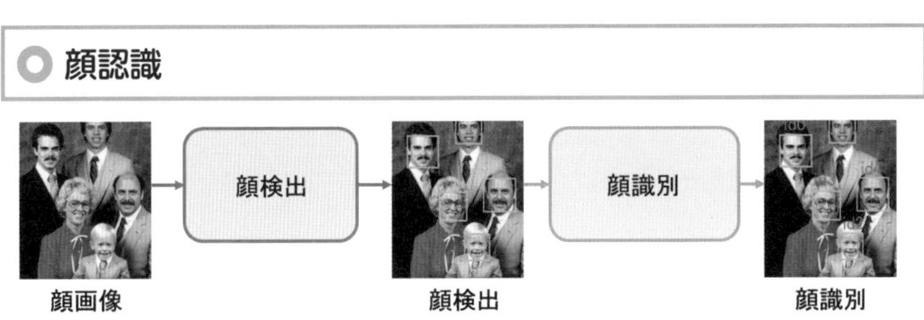

図 32-3　顔識別の流れ（画像は WIDER FACE[35]）

図32-3のような複数の人物が含まれる画像に対して顔認識し、1人ずつ区別して認識する（IDを付ける）場合は、まず図32-3の左のような画像から1人ず

つの顔の領域を検出する必要があります。図32-3の真ん中の写真の緑枠が顔検出の例です。そして、検出した1人ずつの顔の領域（緑枠）に対して、事前に登録してある顔のデータと照合することで顔を識別します（IDを付けます）。図32-3の右の写真の赤字が顔識別の例です。

特徴量にローカル・バイナリー・パターン・ヒストグラム（Local Binary Pattern Histogram）、識別にk-NN法を使用したアルゴリズム [37] などがあります。検出した顔画像から、年齢や性別などさまざまな属性情報を認識する顔認識の研究も盛んに行われています。

顔認証

顔認証（Facial Authentication）は、スマートフォンのロック解除にも使用されており、身近なものになっています。また、2017年に羽田空港国際線ターミナルで、入国審査用の顔認証ゲートが設置されて以来、多くの空港の入出国審査に顔認証が利用されています（図32-4）。

顔認証は、カメラからシステムに入力された顔画像を事前に登録してある顔のデータと照合することで本人確認を行います。このような場合、顔認証システムに入力されるのは、顔画像のみになり、入力された顔画像に対して、システムは、本人であるのかどうかを処理しています。

スマートフォンのロック解除の場合、ユーザは顔認証がうまくいくように、適切な大きさの顔画像が入力されるようにしています。うまくいかない場合は、やりなおすことで、解決していることでしょう。

また、入国審査用の顔認証の場合、適切な大きさの顔画像が入力されるように求められます。このような顔認証システムは、図32-3における前半部分の顔検出はユーザにまかせ、後半部分に特化し、インタラクティブなシステムとして、有効に働いています。

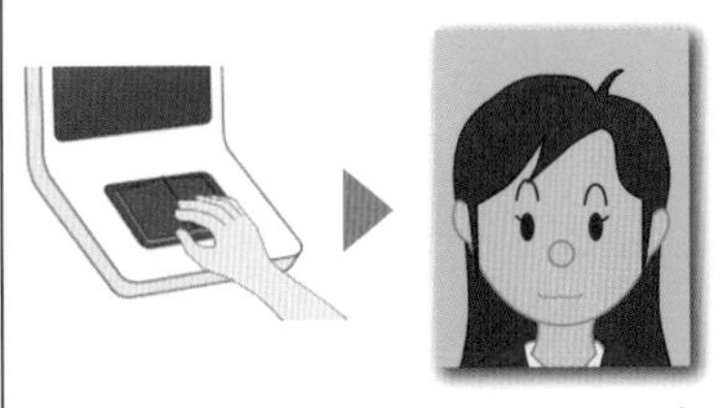

IC 旅券の身分事項ページと IC チップ内の顔画像を旅券リーダに読み取らせる。

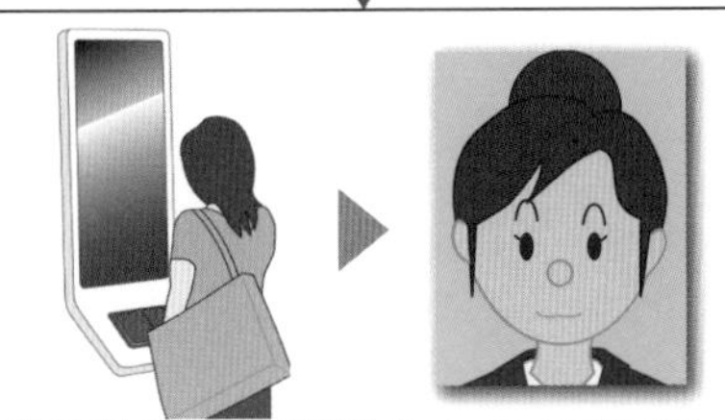

顔認証ゲートに設置したカメラで利用者の顔画像を撮影することにより、写真を提供する。

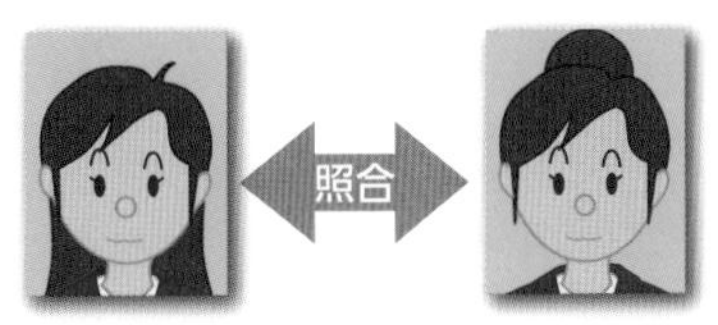

旅券のICチップから読み出した顔画像とカメラで撮影した利用者の顔画像の照合を行う。

照合が完了し、問題がなければ、証印をすることなく帰国の確認を受け、顔認証ゲートを通過することができる。

図 32-4　入国審査用の顔認証システム [38] (法務省ＨＰをもとに作成)

まとめ

- 顔検出は、画像中に存在する顔の領域を切り出す処理で、画像処理の基本課題の1つである。
- 顔認識は、検出された顔の特徴を解析し、個人識別や年齢、性別などの属性情報を認識するタスクである。
- 顔認証は、顔画像を用いた個人認証を行う技術で、さまざまなシステムのセキュリティ確保に役立っている。

33 ニューラルネットワークと深層学習

ニューラルネットワークによる画像深層学習は、ILSVRCというコンペティションで統計的機械学習による手法よりも圧倒的に高い認識精度を示したことから注目を集めました。ここでは深層学習の基礎であるMLPやシグモイド、ReLUを紹介します。

ニューラルネットワークの歴史

ニューラルネットワークは、脳の神経回路の一部を模擬した数理モデルです。1957年に考案されたパーセプトロンは、簡単な入力データの分類を可能としましたが、複雑な（線形分離不可能な）問題は解くことができず、実用的ではありませんでした。その後、誤差逆伝播法の開発により、パーセプトロンを多層化したMLP（Multi-Layer Perceptron：多層パーセプトロン）が登場し、より複雑な入出力の対応関係を学習可能となりました。しかし、学習用データや計算リソースが限られていたことから、学習精度の向上が頭打ちとなっていました。計算機性能の向上とインターネットの普及によって画像データ収集コストが下がったことから、複雑な入出力写像を学習可能になり、さまざまな画像認識課題において飛躍的な認識性能の向上を達成しています。

ニューラルネットワークではここ数年で理論ができた技術ではなく、実は数十年に渡る長い歴史の中でその技術が確立されてきました。その中ではCNNの登場により手書き文字認識や顔認識の高度化、深層学習と大規模データセットの登場による一般物体認識、Transformerの登場により、機械翻訳を始めとする多数の自然言語タスクや基盤モデルへのつながりがあります。

また一方で、深層学習向けの計算リソースやオープンソースなどの発展、整備などもあり、プログラムを理解できれば比較的誰でも深層学習の枠組みを扱えるようになってきました。研究者でなくても個人レベルでモデルを構築して個別の問題解決に役立てているという事例も増えています。現在、AIが比較的手軽に試せる時代になったのもこのようなニューラルネットワークの歴史あってのものです。

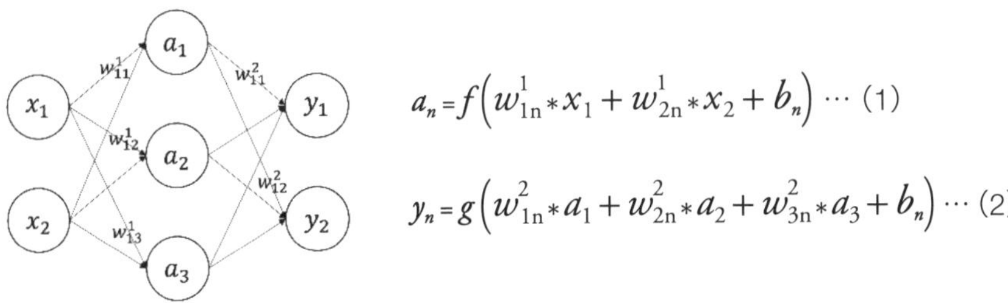

$a_n = f\left(w^1_{1n} * x_1 + w^1_{2n} * x_2 + b_n\right) \cdots (1)$
$y_n = g\left(w^2_{1n} * a_1 + w^2_{2n} * a_2 + w^2_{3n} * a_3 + b_n\right) \cdots (2)$

図 33-1　MLP

MLP

MLPは図33-1のようにニューロンがいくつかの層を成して構成されています。各ニューロンは複数の入力信号を受け取り、1つの出力を返します。出力の計算は式 (1) のように、各入力信号に重みを掛け合わせたものを足し、さらにバイアス項を加え、活性化関数により変換されます。活性化関数についてはこの後で紹介します。この処理を全ニューロンのレイヤー間にわたって行うことで、MLPは最終的な出力yを計算します。出力の計算も式 (2) に示すように、式 (1) と同様です。ここで、重みやバイアスの値は学習を通して獲得されます。

活性化関数

活性化関数とは、あるニューロンから次のニューロンへ出力時、入力値を別の数値に活性化するための関数です。活性化関数を活用することで、ニューラルネットワークの表現能力が向上します。最近では、さまざまな活性化関数が提案されていますが、ここでは代表的なシグモイド関数とReLU関数について紹介します。

●シグモイド関数

代表的な活性化関数の1つに式 (3) で表される**シグモイド関数**があります。図33-2を見ればわかるように、シグモイド関数は入力値を0から1の範囲に非線形な変換を施して出力します。したがって、シグモイド関数の出力は確率として見ることができ、2クラス分類問題におけるMLPの出力層の活性化関数として用いることができます。

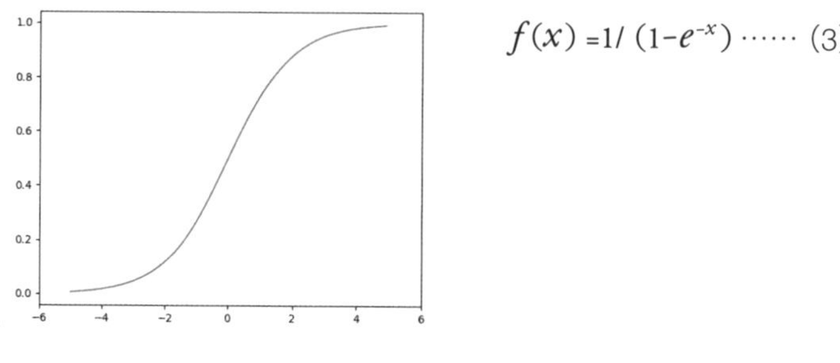

$$f(x) = 1/(1-e^{-x}) \cdots\cdots (3)$$

図 33-2　シグモイド関数

●ReLU関数

式 (4) で表される**ReLU関数**は入力値が閾値であればそのまま出力し、それよりも小さい値であれば0を出力します。このようにシンプルな活性化関数であるにもかかわらず、ReLU関数を用いると高い精度が得られ、一般的に用いられている活性化関数です。また、入力層や中間層にも用いられています。

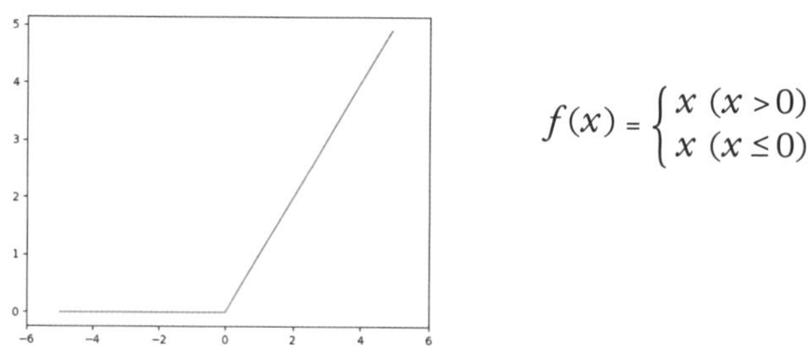

$$f(x) = \begin{cases} x & (x > 0) \\ x & (x \leq 0) \end{cases} \cdots\cdots (4)$$

図 33-3　ReLU 関数

モデル最適化

前項ではどこに向かって重みを更新するかについて見てきましたが、次に偏微分の結果に基づいて重みを更新する方法を説明します。

●勾配降下法（gradient descent）

勾配降下法は重みを更新する方法です。これまでで重みの勾配が求められているため、どこに向かって重みを更新すればよいかわかっています。そこで勾配降下法では式（5）のように単にその方向に向かって現在の重みをシンプルに更新します。

$$w^{t+1} \leftarrow w^{t} - \eta \frac{\partial E}{\partial w^{t}} \quad \cdots\cdots (5)$$

ここでtは現在のステップ、ηは学習率です。学習率とはどの程度現在の重みを更新するか決めるパラメータであり、勾配降下法では人手であらかじめ適当な値に設定します。このようなパラメータをハイパーパラメータと呼びます。

●慣性項（Momentum）

勾配降下法は単純で有効な手法ですが、勾配が振動して学習に時間がかかる現象が頻発します。そこでこれまでに更新した方向に対して変化しやすくする項νを追加することで振動を抑えます。

$$v_t \leftarrow \alpha v_{t-1} - \eta \frac{\partial E}{\partial w_t}$$

$$w^{t+1} \leftarrow w^{t} - v_t$$

ここでνはこれまでの更新量を累積した値であり、αはハイパーパラメータです。

○ 誤差逆伝播法

ここまでで簡単なネットワークを構築できるようになりましたが、ネットワークの各重みはどのようにして学習されるのでしょうか？　一般的には、**損失関数**によって計算される現在の重みの悪さを最小にする方針で更新します。

どの方向に向かって重みを更新するか判断するためには損失関数を重みで微分する必要があります。

ここでは最も有名な方法である**誤差逆伝播法**（バックプロパゲーション：Backpropagation）を紹介します。偏微分、連鎖率といった数学の準備を行った後、単純な例で誤差逆伝播法のアルゴリズムを定式化します。

●偏微分

多数の変数を持つ関数を微分することを**偏微分**（partial derivative）といいます。多変数になったとはいえ、そんなに難しいことはなく、1つを変数として扱い、その他を定数として扱います。例えば式（6）を微分することを考えます。

$$f(x,y) = x^2 + 3y \quad \cdots\cdots (6)$$

$f(x, y)$ を x で微分すると以下のようになります。

$$\frac{\partial f}{\partial x} = 2x$$

また、y で微分すると以下のようになります。

$$\frac{\partial f}{\partial y} = 3$$

●連鎖率

連鎖率（chain rule）とは合成関数の微分の多変数関数バージョンです。例えば、$f(x(u, v), y(u, v))$ という関数の u での偏微分は以下のように書けます。

$$\frac{\partial f}{\partial u} = \frac{\partial f}{\partial x}\frac{\partial x}{\partial u} + \frac{\partial f}{\partial y}\frac{\partial y}{\partial u}$$

$$\frac{\partial f}{\partial v} = \frac{\partial f}{\partial x}\frac{\partial x}{\partial v} + \frac{\partial f}{\partial y}\frac{\partial y}{\partial v}$$

●**誤差逆伝播法のアルゴリズム**

単純なネットワークでの誤差逆伝播法を考えてみます。下図のネットワークでは、x_1、x_2が入力され、重みw_1、w_2により、yが出力されます。計算を簡単にするためにここでは損失関数として式 (2) の二乗誤差で用います。ここでnは出力次元数であるため、ここでは$n=1$です。またtは正解値です。

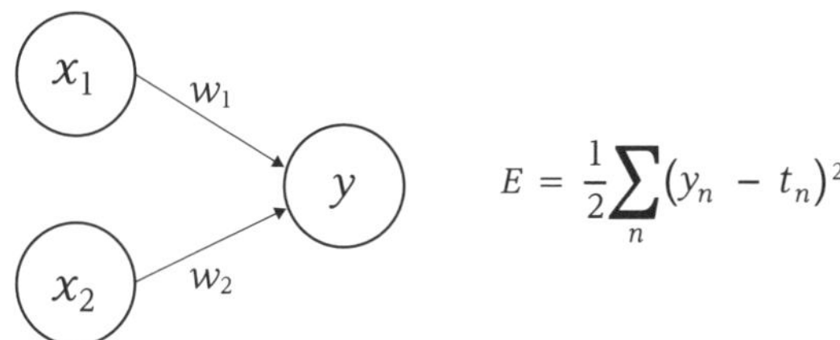

重みについて損失関数を最小化したいため、$\frac{\partial E}{\partial w_1}$，$\frac{\partial E}{\partial w_2}$について考えます。

どちらも同じ計算を行うため、ここではw_1についてのみ計算を行ってみます。Eはyの関数であり、yはwの関数であることから連鎖率により以下のように変形できます。

$$\frac{\partial E}{\partial w_1} = \frac{\partial E}{\partial y}\frac{\partial y}{\partial w_1}$$

また、$y = w_1^* \times 1 + w_2^* \times 2$であるため、それぞれ計算すると以下のようになります。

$$\frac{\partial E}{\partial w_1} = (y_n - t_n)x_1$$

この結果を用いてw_1を誤差送伝搬更新することで、よりよい重みになることが期待できます。またここでは単純なネットワークで考えましたが、活性化関数を用いたり、層の数を増やしたとしてもアルゴリズムは同じです。

まとめ

- **MLPは、ニューロンがいくつかの層を成して構成されている。**
- **代表的な活性化関数として、シグモイド関数やReLU関数がある。**

34 Convolutional Neural Network (CNN)

CNNとは、畳み込み演算を行う多層で構成されたネットワークのことを指します。CNNは、画像認識や音声認識などで用いられますが、とりわけ画像認識においては圧倒的に高い性能を示しています。

ネットワークの全体像

まずは**CNN**（Convolutional Neural Network）の大枠をつかむために全体像を見ることから始めます。CNNもMLP（Multi-Layer Perceptron）と同様にいくつかのパーツを組み合わせて構築します。そのパーツには畳み込み層やプーリング層、P.155で出てきた活性化関数や全結合層などがあります。

典型的な例を図34-1に示します。入力された画像は畳み込みフィルタにより構成される畳み込み層、畳み込みにより抽出された特徴からさらによい代表値を取り出すためのプーリング層、入力された値をより良好な特徴として取り出すための活性化関数により繰り返し処理された後、それまで得られた出力をすべて結合させ総合的に判断する全結合層を経て最終的な出力に変換されます。最終的な出力もMLPのときと同様に画像分類タスクにおいては、シグモイド関数やsoftmax関数が適用されて各クラスの生起確率になり、最大値を出力結果とします。

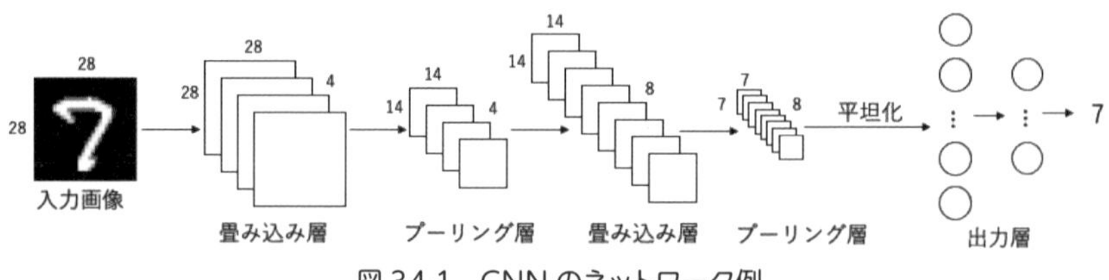

図 34-1　CNN のネットワーク例

※図中の数字は、画像サイズ、レイヤーサイズ、レイヤー数、認識結果（数字「7」）など。

畳み込み層

畳み込み層では、通常3×3 [pixel] などあらかじめ固定サイズで用意された畳み込みフィルタを画像全体に渡り走査させて特徴を取り出す畳み込み演算(P.113) を行います。一般と異なるところは、図34-2のようにカーネルの値が既定値であるのに対して、CNN の畳み込み層では可変するパラメータであり、特に誤差逆伝播法による更新を通して獲得されます。学習により獲得されたカーネルは図34-3のようになっており、エッジに反応するカーネルなどが自動的に学習されています。ネットワーク全体を通して多数の畳み込み層が連結しており、推論時には入力層に近いほうから処理されて出力し、誤差を計算します。そのうえで、誤差逆伝播法によりフィードバック時には出力層に近いほうから畳み込みフィルタの重み更新を行っていきます。

0	1	2	3
1	2	3	0
2	3	0	1
3	0	1	2

＊

2	0	1
0	1	2
1	2	0

→

18	

図 34-2　畳み込み演算

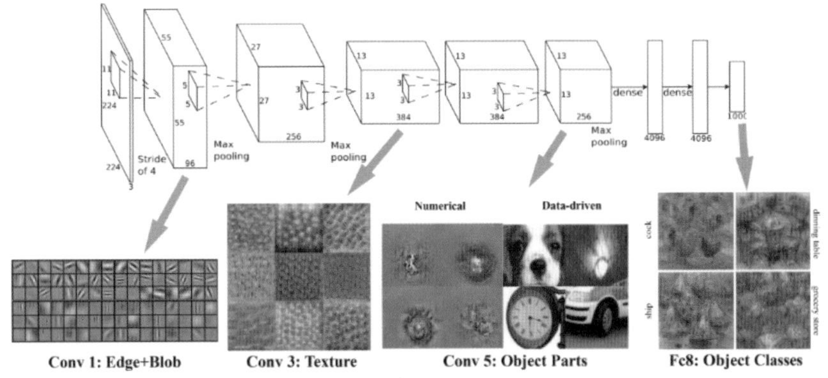

図 34-3　獲得されたレイヤー上の画像特徴 [39]

プーリング層

画像認識では入力画像の位置変化に対してある程度普遍性が求められます。これは、同じ物体が画像内に映り込む位置関係が若干ずれたとしても同じクラスとして処理される必要があることを示しています。CNNでは位置変化に若干でも頑健にするために**プーリング**という一種のボカシを畳み込み層の後に行います。

プーリング層では、n×nの領域を集約します。種類としては平均値プーリング（Average Pooling）や最大値プーリング（Max Pooling）という計算が行われます。平均値プーリングでは領域内の値をすべて平均した値が代表値として出力され、最大値プーリングでは領域内の値の中で最も大きな値を代表値として出力します。

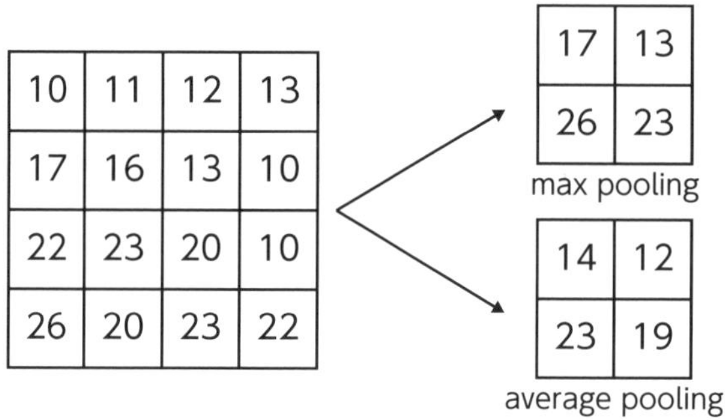

図34-4　プーリング操作（2×2）

まとめ

- **CNNは、畳み込み演算を行う多層で構成されたネットワークである。**
- **CNNは、畳み込み層、プーリング層、活性化関数、全結合層などから構成される。**
- **CNNは、さまざまな認識タスクで用いられるが、特に画像認識において圧倒的に高い性能を示し活用されている。**

35 Transformer

Transformerはその圧倒的な性能から、現在の深層学習分野で最も熱い研究対象の1つです。Transformerは初め自然言語処理分野で2017年に開発されました。2020年に画像認識分野でも高い精度を得られることが明らかになりました。

Transformer・Vision Transformer

Transformerは2017年に自然言語処理分野において"Attention is All You Need"と名付けられた論文において提案された深層学習モデルの一種です。2017年頃まで自然言語処理分野ではLSTM（Long Short-Term Memory：長・短期記憶）※を筆頭にCNNなども用いられてきましたが、この論文では入力されたテキスト中の「どの単語に注視（Attention）して特徴を捉えるか」に着目するのみで高性能な言語モデルが構築できてしまう、ということで学術分野内でも注目を集めました。以降、自然言語処理分野においてもさまざまな言語モデルがこのTransformerをベースにして構築され、2020年10月には**Vision Transformer**が提案され、画像認識分野においても広がりを見せることになります。

※ LSTM：時系列データが持つ長・短期的な依存関係を学習することができる時系列ニューラルネットワーク。時系列を考慮することができるという特徴を生かし、主に自然言語処理や時系列データの予測から動画像認識にも活用されている技術。

Transformer：自然言語処理モデル

図35-1にTransformerの全体像を示します。基本的な構造は入力されたテキストからベクトル化してTransformer構造内で扱えるようにする**Embedding**（図中下側のInput/Output Embedding）、単語の位置関係を把握するための**Positional Encoding**（図中下側のPositional Encoding）、意味を解釈して特徴ベクトル化する**Encoder**（図中左側のグレー枠）と特徴ベクトルから変換を行う**Decoder**（図中右側のグレー枠）に分解されます。Transformer論文で実施されたタスクには機械翻訳も含まれており、例えば英語からドイツ語への翻訳で

は、Encoderにより英語の意味を解釈して特徴ベクトル化しておいて、意味が含まれる特徴ベクトルからDecoder内でドイツ語の単語を割り当てて文章として出力するという関係になっています。Encoder/Decoderの内部では対象となる単語の意味を理解する際に、どの単語に注視（Attention）するのがよいかを示します。実装上は異なる複数の単語に注視するよう、複数のモジュールを準備したMulti-Head Attentionを用います。さらに、Encoder/Decoder内部では残差結合（Add：Residual Connection）やレイヤ正規化（Norm：Layer Normalization）を含みます。

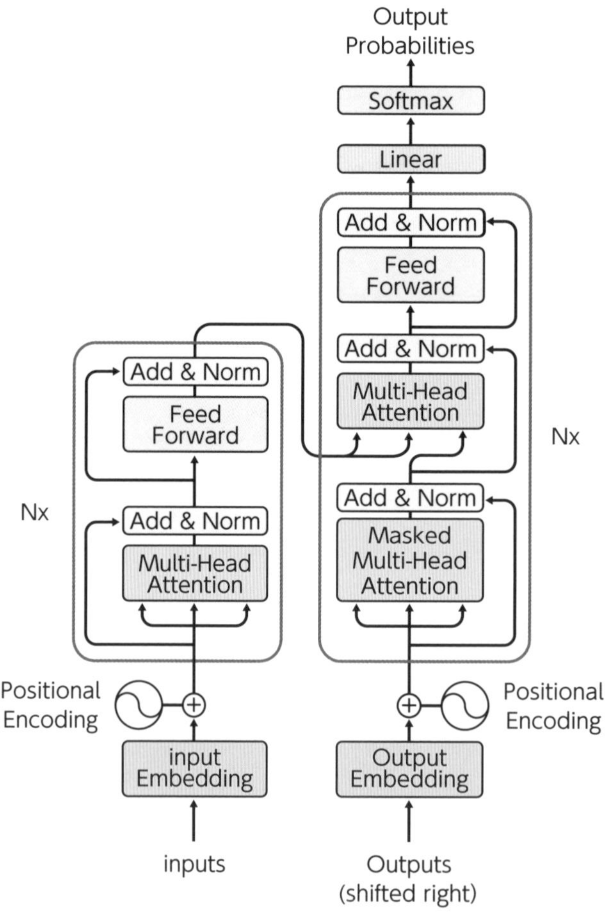

図 35-1 Transformer のネットワーク構造 [40]

Vision Transformer：画像認識モデル

Vision Transformer（ViT）は2020年10月にプレプリントサイトであるarXivに投稿され、瞬く間に画像認識の汎用的なタスクとして適用されていきました。図35-2にViTのネットワーク構造を示します。

ViTでは入力画像を固定長の画像パッチに分割（例として224×224［pixel］の入力画像を16×16［pixel］の画像に分割）してTransformerでいうところの文章と単語の関係性のように扱います。その後はEmbeddingによるベクトル化と画像パッチの位置関係を把握するためのPositional Encoding、Transformer Encoder、MLP（Multi Layer Perceptron）を経て画像カテゴリを出力します。

自然言語におけるTransformerと異なるのは、画像識別では画像カテゴリのみの返却であり、文章のような比較的長い出力を行わないためTransformer Decoderを構造内に含まない点です。

ここまではTransformerおよびVision Transformerについて簡単に述べてきました。以降、説明中に登場したEmbedding、Positional Encoding、Multi-Head Self-Attentionについて以下に解説します。

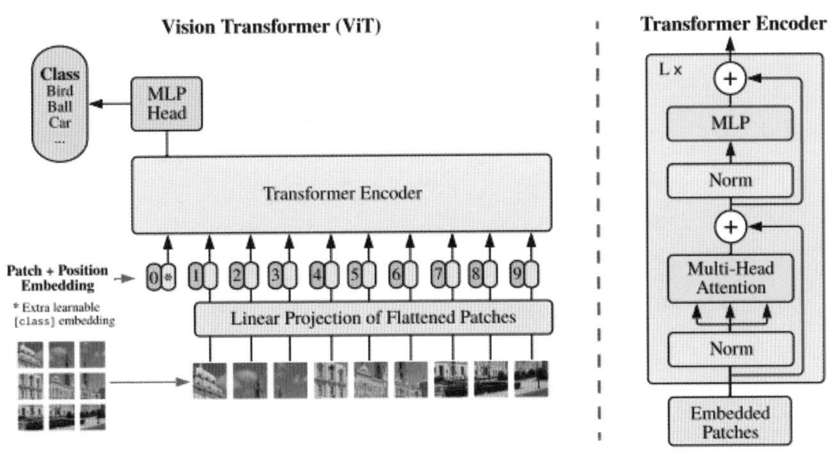

図35-2　Vision Transformerの概要［41］

Embedding と Positional Encoding

Embeddingとは、入力となる画像パッチや単語など、画像や文章を構成する要素（トークンと呼ばれます）をベクトルに変換することで、Transformer構造内で扱い易く加工する工程を指します。自然言語では単語をword2vecと呼ばれるネットワークで変換（図35-1中のInput/Output Embeddingが対応）し、画像では画像パッチに変換後全結合ネットワークによるMLPでベクトルに変換（図35-2中のLinear Projection of Flattened Patchesが対応）するのが一般的です。

EncoderおよびDecoderではトークンの並びに関係なく処理するので、Positional Encodingにより各トークン（言語の場合には単語、画像の場合には画像パッチ）に番号を割り振り、位置関係を把握します。

Multi-Head Self-Attention

AttentionはTransformerにおいて、前述の通り「対象となる単語の意味を理解する際に、どの単語に注視するのがよいか」により処理を行います。言語や画像に関わらずAttention機構を用いて、すべてのトークンの情報を集約して、トークン間の関係性をスコアリングしていきます。

図35-3に示したSelf-Attention機構の可視化では、まず各入力トークンxをMLPによりクエリq、キーk、バリューvという3つのベクトルに変換します。基本的には、Encoder/Decoderの入力に対してクエリ、キー、バリューの重みを掛け合わせた値です。

対象となるクエリとキーから重みであるバリューを計算、さらにバリューによりどの単語に着目するか、の度合いが手に入ります。

Self-Attentioin機構により、Transformerは比較的離れた位置にある文章中の単語や画像パッチどうしの関連度を計測することができ、入力全体を評価することができるようになりました。

Multi-Head Self-Attentionでは、複数のクエリ、キー、バリューの組み合わせを作成し、最終的にはそれらを連結することで複数のSelf-Attentionを総合的に判断しつつ出力することができます。さらに、Self-Attention機構は並列化が可能という性質もあり、昨今グラフィックボードにより多重並列化するというコンピューティングとの相性も良く、学習や推論の高速化にも寄与しています。

また2023年現在巷を騒がせている基盤モデルは、巨大なモデルを画像やテキストなどの含まれた巨大なデータセットにて学習することで、汎用的に用いることができる代物であると説明されています。特にここで用いられているモデルというのがTransformerです。基盤モデルは大規模言語モデルや生成AIなどとも呼称され、現在産業応用に耐え得る性能が示されています。

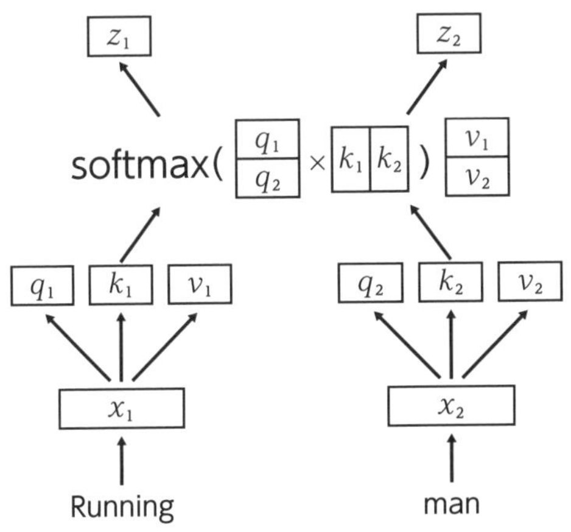

図 35-3　Self-Attention 機構の概要

まとめ

- **Transformerは、2017年に自然言語処理分野で開発されたものであり、その後さまざまなかたちで発展、進化している。**
- **Transformerは、Embedding、Positional Encoding、Encoder、Decoderで構成されている。**
- **2020年に登場したVision Transformerは、Transformerが画像認識でも有用であることを示した。**

36 教師あり学習

機械学習の基本は、入力データと、人間がそのデータに対して正解ラベルを教示した教師ラベルをセットにしてモデルの学習を行う教師あり学習です。画像認識タスクにおいても、教師あり学習が最もよく用いられます。

画像識別 (Image Classification)

教師あり学習（Supervised Learning）とは、画像と教師ラベルが対（ペア）となっている学習データに基づいてモデルを最適化する学習法です。**モデル**は、人間に判断を仰いだ教師ラベルにより教示を受けることで賢くなっていきます。2022年現在、画像認識においては最も一般的な学習手法として多く利用されています。

ここでは画像認識分野で代表的な画像識別タスクを例に挙げて、教師あり学習の仕組みについて紹介します。例えば、犬と猫を識別する場合、犬の画像には「イヌ」という教師ラベル、猫の画像には「ネコ」という教師ラベルを事前に「人手で」与えておく必要があります。ここでは、画像に教師ラベルが与えられたデータを学習データと呼ぶことにします。

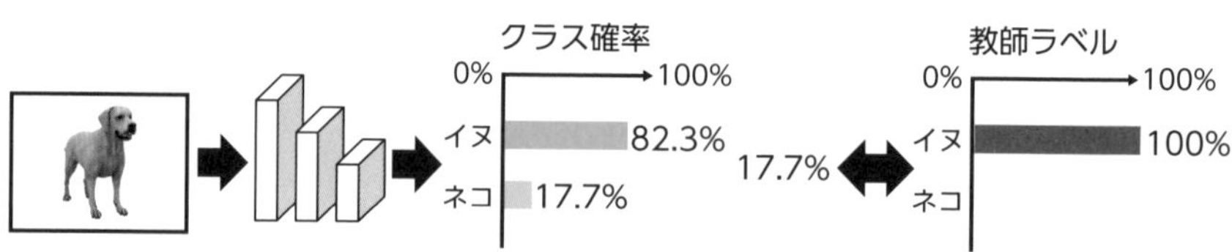

図 36-1 教師あり学習による画像識別

学習データが準備できたら識別モデルに学習データを入力し、物体の種類を確率分布として出力します。出力では図36-1に示すように、例えば画像中の物体がイヌである確率が82.3%、ネコである確率が17.7%というような確率分布と教師ラベルの誤差を最小化するように分類モデルを最適化します。このとき、教師ラベルはニューラルネットワークで扱いやすいように事前にone-hotベクトル※へと変換しています。one-hotベクトルでは図36-1に示すように犬の画像が入力された場合、「イヌ」という教師ラベルが「1」でそれ以外の教師ラベルは「0」で表現されます。

※ N次元ベクトルのうち1つの次元だけが1であり、それ以外のN－1次元の値はすべて0であるベクトル表現。ここでは理解しやすいようにクラス確率の尺度に合わせて100か0としている。

人間によるアノテーションの限界

教師ラベルを与える行為を**アノテーション**と呼びます。アノテーションが高品質であるほど、教師あり学習による識別モデルの精度が高くなる傾向にあります。一方で、不適切な教師ラベルが付与された場合、学習に悪影響を及ぼし不適切な予測結果を招きます。画像認識分野において大規模データセットと位置付けられる**ImageNet**は1,400万画像、2万カテゴリから構成されており、構築には5万人の作業者と2年の歳月を要しています。

また、教師ラベルは認識タスクによって多様な形式を持ちます。画像識別では物体の種類、物体検出では物体の種類に加え、物体の位置（バウンディングボックス）、**セグメンテーション**では画像中の全ピクセルに対して何かしらの意味ある教師ラベル（セグメンテーション）を付与する必要があります。分類＜検出＜セグメンテーションの順番でアノテーションには労力が必要となります。

イヌ
画像分類

イヌ
画像検出

■イヌ　■背景
セグメンテーション

図36-2　識別タスクとアノテーション

まとめ

- **教師あり学習は、画像データと人手で付与された教師ラベルを用いて、識別モデルを最適化する学習手法である。**

37 自己教師あり学習

自己教師あり学習とは、教師ラベルが付与されていない画像を利用することによって視覚的特徴表現を獲得することを目的とした学習方法です。擬似的にタスクを設計して教師あり学習を実現することで、データセットの準備コストを軽減できます。

自己教師あり学習の背景

深層学習技術を利用する場合、大量かつ汎用的なデータに対して人間が教師ラベルを付与して学習データを準備する必要があります。しかし、数百万のデータに対して人手で教師ラベルを付与することは多大な時間と労力が必要です。そこで最近では、**事前学習**（P.178）という概念を用いることで、追加学習先では少量の限られた学習データであっても認識精度が向上する傾向となっています。

ここで重要なことは、効果的な事前学習を実現するためには数千万規模のデータが必要であるということです。そのため、事前学習を実現するためには大量のデータの準備と大規模な教師ラベル付与が必要となります。

自己教師あり学習は、このような事態を回避するため事前学習時に必要となる大量の学習データ作成の効率化を目指し提案された枠組みです。2023年現在、画像認識分野においては自己教師あり学習法の実力は、人間によるImageNetの教師あり事前学習に匹敵する性能にまで到達しています。

自己教師あり学習が認識性能を向上させる特徴表現を獲得するために重要となるのが、自ら教師を作り出し設定する**擬似タスク**（Pre-text task）です。これまでに追加学習先で認識性能が向上する擬似タスクが多数提案されています。本稿では、自己教師あり学習の提案初期に設計された**ジグソーパズル法**という擬似タスクと、近年最も認識性能が高く主流となっている**対照学習**、さらには自然言語処理の学習方法から誕生した**復元タスク**について紹介します。

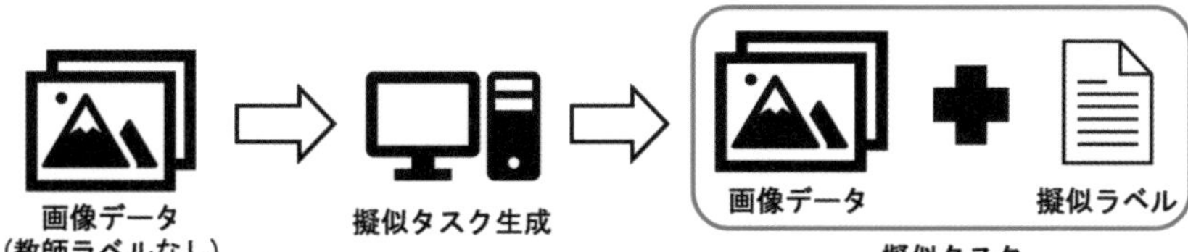

図 37-1　疑似タスク

擬似タスク：ジグソーパズル法

初期の代表的な擬似タスクとしてジグソーパズル法が挙げられます。学習方法としては、人間に馴染み深いジグソーパズルそのものであり、1枚の絵や写真をいくつかのピースに分割し、ピースをばらばらにした状態から適切な位置に配置するタスクです。具体的には、図37-2に示すように、初めに画像を3×3の全9つの画像に分割して擬似タスクを生成します。以降、分割した画像を画像**パッチ**と呼ぶこととします。このパッチがジグソーパズルのピースに該当します。次に各パッチをシャッフルしてモデルに入力し、各パッチから特徴表現（**ベクトル**）を抽出します。最後に、特徴表現を用いて各画像パッチの正しい位置を推定します。パッチ位置の推定は9クラスの分類タスクに置換することで実現しています。

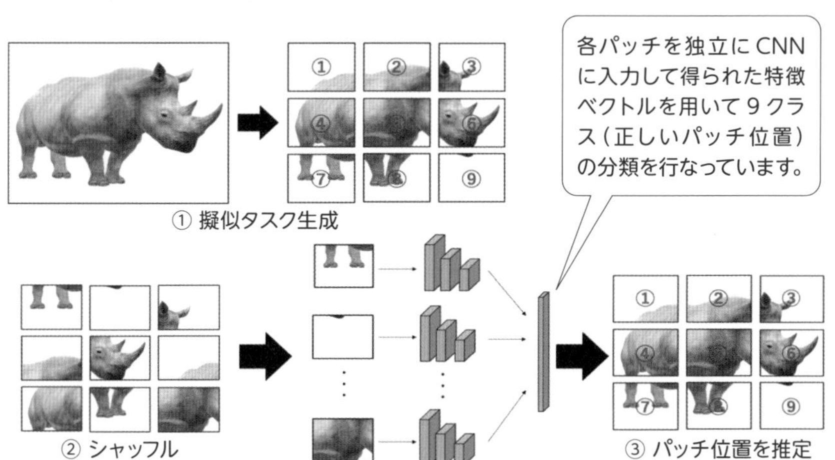

図 37-2　ジグソーパズルによる学習方法

対照学習法の台頭

前ページで紹介したジグソーパズル法は、認識精度の面で教師あり事前学習と大きな乖離がありました。それ以降は、教師なしクラスタリングを用いた擬似ラベル生成（DeepCluster）やGANなどの画像生成モデルを利用した画像生成タスク（BigBiGAN）などの擬似タスクが提案され、徐々に教師あり事前学習に接近する認識性能となっていきました。

そして2020年には、幾何変換や色変換などの拡張を施した画像どうしの類似度に基づいて学習する対照学習が、教師あり事前学習と同等の性能まで達し大きな話題となりました。

例えば**SimCLR**、**MoCo**、**SwAV**、**DINO**、**SimSiam**などが対照学習の代表的手法として挙げられます。対照学習では基本的に図37-3に示すような2つの画像を入力とするネットワークが用いられています。2つの画像を入力とするネットワークとは、同じ構造、パラメータであるネットワークを対照的に配置した構成のネットワークとなります。図37-3に示すように、元データを正例サンプルとし、元データとは異なるカテゴリの画像を負例サンプルとします。各データをネットワークに入力し、獲得した特徴量を用いて距離学習することにより特徴表現を獲得しています。

具体的には、図37-3における特徴空間表現において正例サンプルの特徴（緑）どうしを近づけ、負例サンプルの特徴量（赤、紫、水色）とは遠ざけるようにモデルを学習していきます。

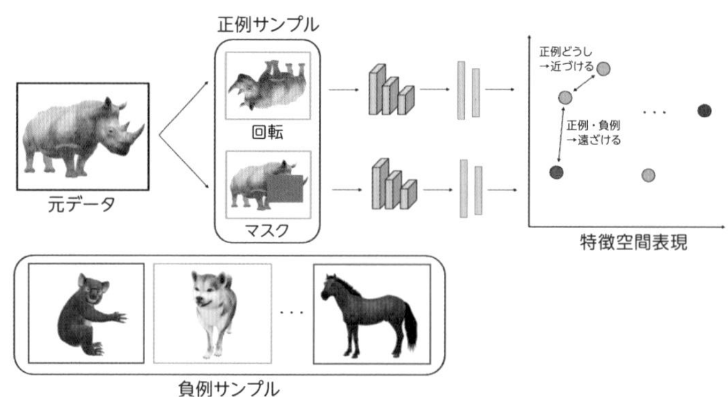

図 37-3　対照学習による学習方法

自然言語処理の学習方法から誕生した復元タスク

P.163でも紹介したように自然言語処理分野で用いられているTransformerが、2020年には画像認識においても有用であることが明らかとなり、2022年現在ではCNNに匹敵するネットワークとして位置付けられています。自然言語処理において性能を格段に向上させた1つの要因として**BERT**（Bidirectional Encoder Representations from Transformers）があります。BERTでは入力文の15%をマスクして、マスクした単語を前後の文脈から予測するという復元タスクにて学習しています（実際には復元タスク以外にも学習設計が存在しますが説明の都合上、ここでは割愛します）。

この復元タスクを画像認識におけるVision Transformerの事前学習タスクとして適用させた自己教師あり学習が図37-4に示す**MAE**（Masked Autoencoder）になります。MAEでは入力パッチの75%をランダムにマスクし、マスク部分の画素を復元させることで視覚的特徴表現を学習しています。また、MAEにより獲得した事前学習モデルをViT に適用した場合、ImageNetの画像分類精度が83.6%にまで達しています。この結果は、対照学習ベースのMoCoやDINOよりも高い性能であり、2023年においてはViTにおける最も有効な自己教師あり学習といえます。

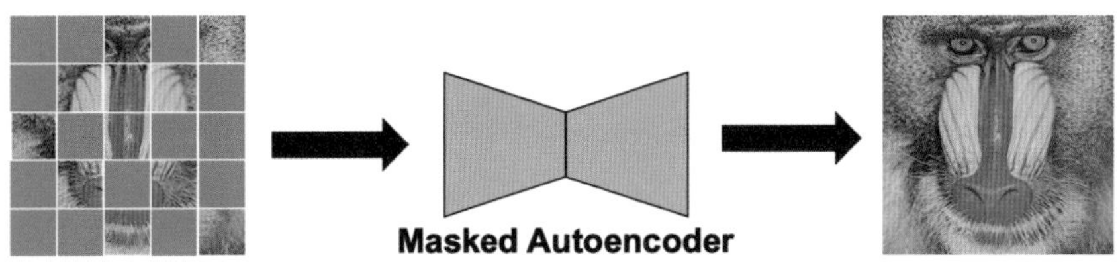

図 37-4　Masked Autoencorder のイメージ

まとめ

- 自己教師あり学習は、教師ラベルが付与されていない画像を利用することで、画像の視覚的特徴表現を獲得することを目的としている。

38 数式ドリブン教師あり学習

数式ドリブン教師あり学習（Formula-Driven Supervised Learning）とは、実データと 人間によるアノテーションを必要とせず、ある規則性に準拠した数式に基づいてデータと教師ラベルを自動生成する枠組みです。

数式ドリブン教師あり学習の背景

数式ドリブン教師あり学習は、2023年現在世界的にもホットな分野である自己教師あり学習と類似する手法として説明ができます。違いとして、自己教師あり学習はすでに実画像が与えられている前提で教師ラベルや視覚タスクを設定しつつパラメータを学習するのに対し、数式ドリブン教師あり学習は図38-1のように数式から画像と教師ラベルのペアを自動生成して事前学習タスクを実行します。

どちらも追加学習前の事前学習の文脈で用いられる方法論ですが、実画像を一切使用しない分数式ドリブン教師あり学習は自己教師あり学習よりも困難な問題設定といえます。しかし、やはり実画像や人間による教師を用いない学習戦略であることからも、事前学習の文脈では倫理面やプライバシー面での心配を払拭することに成功しており、より安全に事前学習済みモデルを構築することができる手段であるといえます。商用利用も検討できる手法であることからも精度面での向上が期待されます。

図 38-1　数式ドリブン教師あり学習

Fractal DataBase (FractalDB)

数式ドリブン教師あり学習の代表的な例として**FractalDB**が挙げられます。ここでは、FractalDB の生成手法を例に数式ドリブン教師あり学習について紹介します。

自然界の規則性と称される**フラクタル**の数理的現象に基づき、自然物はIterated Function System（IFS）により表現可能です。ランダムに設定したIFSのパラメータに基づいて2次元空間上で入力座標に対して座標変換を施します。変換座標に対して繰り返し座標変換を一定数行うことで、画像空間上にフラクタルが生成されます。

ここで、生成画像とIFSのパラメータが対となっており、このパラメータが教師ラベルに相当します。事前学習では、画像占有率に基づいて定義されたカテゴリを識別するタスクとなります。FractalDBは、ある条件下においては大規模な実画像データセットによる事前学習と同等の性能まで達していることが報告されています。

図 38-2　Fractal Database [42]

数式ドリブン教師あり学習の動向

数式ドリブン教師あり学習では、FractalDBを起点としてさまざまな派生研究が登場しています。今回は派生研究を「タスク」、「データセット」、「ネットワーク」、「高精度化」の4つに大別して図38-3に示します。

●タスク

先述したFractalDBは画像識別のための事前学習用データセットとして提案されました。

しかし、画像識別以外にも物体検出や領域分割などの多種多様な認識タスクが存在します。また、事前学習は学習データの収集が難しいタスクに対して特に効果を発揮します。そこで、そのようなタスクに対して数式ドリブン教師あり学習が有効であるかどうかを検証するために、動画認識や3D認識、医療用画像などのタスクに対する事前学習用データセットに拡張させています。

●データセット

数式ドリブン教師あり学習は、ある規則性に基づきデータと教師ラベルを自動生成する枠組みです。FractalDBはフラクタルを数式の根拠としていましたが、フラクタルが事前学習にとって最適な規則性であるかは非自明です。そこで、フラクタル幾何学以外の規則性(例:パーリンノイズやタイリングパターン)に基づきデータセットを構築することで事前学習において最適な規則性を探究しています。

●ネットワーク

2022年現在、画像認識ではCNNのみならずTransformerやMLPといったネットワークが提案されており、それぞれ一長一短の性質のため三つ巴状態となっています。

各ネットワークで事前学習効果を発揮するためのデータセット条件などは異なり、それに伴い事前学習効果も不揃いです。そこで、各ネットワークで数式ドリブン教師あり学習は有効なのか？　さらには、最も事前学習効果を発揮するデータセットの条件とはなにか？　などについて探究する研究も進んでいます。

実際に最近では、Vision Transformer に対して FractalDB を適用させ、ImageNetによる事前学習とほぼ同等の性能まで到達したことが確認されています。

●高精度化

数式ドリブン教師あり学習は数式に基づき生成している性質上、パラメータを増やしたり、数式に制約項を加えたりすることで描画される画像を意図的に操作することが可能です。

FractalDBは1つの画像に対して1つのフラクタルがグレースケールで描画されていましたが、色情報や背景情報などを追加して画像表現を改善することで事前学習効果を高精度化する研究も進んでいます。

タスク

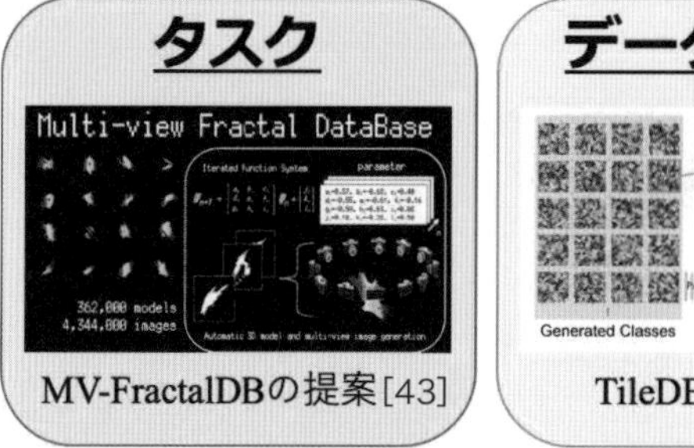

MV-FractalDBの提案[43]

データセット

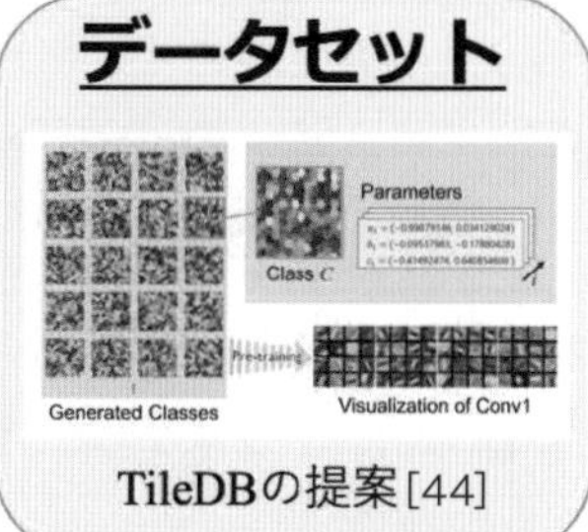

TileDBの提案[44]

ネットワーク

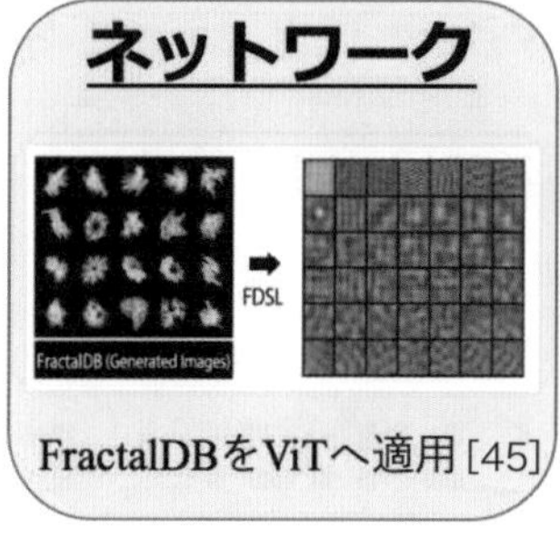

FractalDBをViTへ適用[45]

高精度化

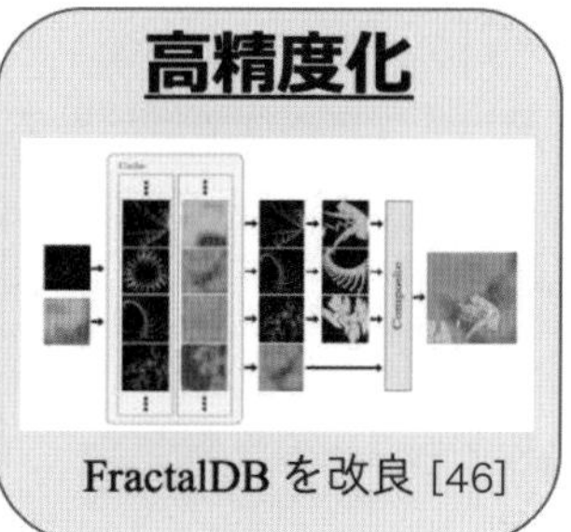

FractalDB を改良 [46]

図 38-3　FractalDB を起点とした派生研究

まとめ

- **事前学習における学習手法として、新たに数式ドリブン教師あり学習が注目されている。**
- **数式ドリブン教師あり学習では、ある規則性に準拠した数式に基づいてデータと教師ラベルのペアを大量に自動生成する。**
- **数式ドリブン教師あり学習の代表例として、FractalDBがあり、フラクタル数式に基づいて生成されるさまざまな画像を学習データとして用い、ImageNetによる事前学習と同等の性能を達成している。**

39 事前学習

実社会における画像認識タスクでは、人や自動車など、認識対象が限られている場合がほとんどです。これら認識対象の違いに依存せず、事前に大量の画像データセットを用いて、多くの画像認識タスクに共通する特徴を抽出するのが事前学習です。

事前学習がもたらす効果

深層学習を各認識タスクで用いるには、その認識タスクにおいて大量かつ汎用的な学習データを準備する必要があります。そこで、あらかじめ数百万規模の大量かつ汎用的なデータで識別モデルを学習させることで認識精度や学習時間の短縮に寄与すると考え、新しく「**事前学習**（Pre-training）」という概念が提案されています。

今や事前学習は、画像認識だけでなく動画認識や3次元物体認識、さらには自然言語処理でも一般的に用いられています。画像認識においては、1,400万

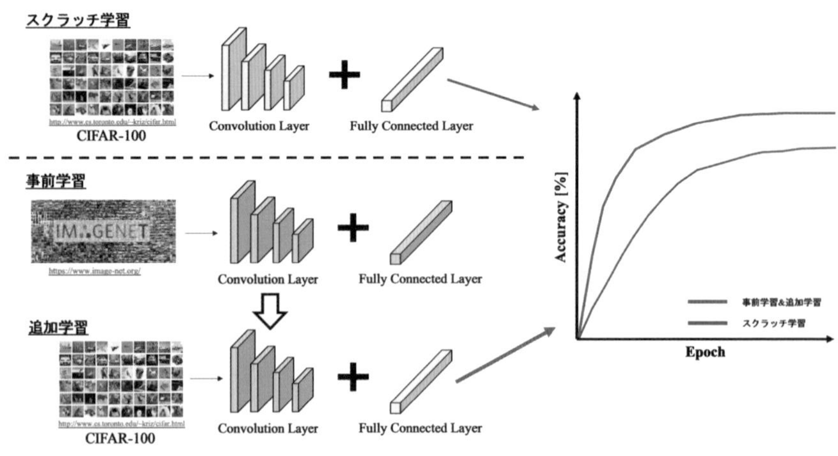

図 39-1 事前学習、追加学習とスクラッチ学習

画像、2万カテゴリからなる大規模画像データセットであるImageNetを事前学習した識別モデルを用いることがスタンダードになっています。2022年現在ではImageNetよりも大規模なJFT-300Mなども存在しますが、個人情報や権利などの関係から非公開となっています。

図39-1に示すように、事前学習モデルを用いた認識モデルは、事前学習モデルを用いない認識モデルよりも認識精度が向上すること（青線のほうが事前学習あり）、学習の収束時間が短縮されること（青線のほうが初期エポックで高精度）、過学習を抑制することなどの利点が明らかになっています。これは事前学習モデルを用いて追加学習する際のデータセットが小規模であるほど大きな恩恵を受けます。

事前学習データセットにおける重要性

画像認識分野ではImageNetの提案によって認識モデルの性能が向上しました。しかし、動画認識分野において、3D CNN提案当初では事前学習の効果が発揮されませんでした。そこで、大規模動画データセットである**Kinetics**が提案されました。

Kineticsは約30万動画からなる人物行動識別のデータセットです。これによって、数億のパラメータを有する大規模モデルを事前学習するためには大規模データセットが必須となっています。また、Vision Transformerは数10億パラメータを持つ大規模なモデルであるため、さらに大規模なデータセットの必要性が高まりました。

まとめ

- **事前学習は、あらかじめ大規模な汎用画像データセットを用いて多くの画像認識タスクに共有する特徴を抽出する目的で行う。**
- **画像認識、動画像認識、3次元物体認識などさまざまなタスクにおいて、ImageNetなどの大規模画像データセットを用いた事前学習が用いられている。**

40 転移学習

転移学習とは、認識精度向上を目的としてある領域タスク（ソースタスク）で獲得した知識を、認識対象である領域タスク（ターゲットタスク）へ転移することです。

転移学習の概説

P.154で紹介したように、多層パーセプトロンでは誤差逆伝播法を用いて勾配を更新していました。しかし、特に層の数が増えると、ネットワークの出力から入力に向かって徐々に勾配が小さくなり、ネットワークの学習が停滞してしまう勾配消失問題が起きやすくなります。そこで2006年、Hintonらによって勾配消失問題を解決する多層パーセプトロンの新たな学習方法が提案され、深層学習分野に再び火をつけることとなりました[47]。

Hintonらは、教師なしデータを用いて各層ごとを分けて事前に学習させ、最後に全体を微調整（Fine-tuning）することで多層ニューラルネットワークの学習を確立しました。この結果は学習済みの層を別のタスクに適用できることを示唆しており、転移学習のアイデアが生まれるきっかけとなりました。

そして2012年、ILSVRC（ImageNet Large Scale Visual Recognition Challenge）にてAlexNetが圧倒的な性能を発揮し、深層学習による第三次AIブームが幕開けすることとなります。特に、**DeCAF** [48]では、CNNの中間層の汎用性と有効性を実証しました。これにより、CNNの転移学習効果が広く認識されることとなり、ImageNetによる事前学習モデルをさまざまな画像認識タスクに適用する事例が増加します。

また、2018年以降では自然言語処理分野でも転移学習の進展が目覚ましく、BERT（Bidirectional Encoder Representations from Transformers）やGPT（Generative Pre-trained Transformer）シリーズをはじめとして数多くの高性能な事前学習モデルを用いた転移学習手法が研究されています。2022年11月にはGPTシリーズを使用した人間とテキストにより高精度な対話を可能とした

ChatGPTが世界に大きな衝撃を与えました。以下、2012年以降に画像認識分野で一般的とされているCNNを用いた転移学習について紹介します。

画像認識モデルにおける転移学習

転移学習（Transfer Learning）では、前節で紹介した事前学習により獲得された学習済みモデルを利用することで、スクラッチ学習よりも大幅に認識精度が向上します。実際には、ResNet-50を用いてImageNetで事前学習させ、CIFAR-10の分類精度が94%から98%へ向上すると報告されています。

深層学習を用いたアプリケーションを開発するうえで、数万規模の学習データセットを構築するのは非常に困難です。そのため、実応用の観点では少量データでも高精度な認識性能が実現できることが理想的です。しかし、少量データに対して学習モデルのパラメータをランダムな初期化から学習するフルスクラッチ学習をした場合、過学習が起こりかねません。そこで最近では、ImageNetのような大規模なデータセットの事前学習モデルを認識タスクに対して転移することが主流となっています。

転移学習が一般的に利用される理由としては、ImageNet事前学習モデルのような大規模データセットの特徴表現を初期値として利用することで、限られた学習データでも学習可能となるからです。その他にも学習時間の短縮や過学習の抑制にも寄与することなどの利点が明らかになっています。これは事前学習モデルを用いて追加学習する際のデータセットが小規模であるほど大きな恩恵を受ける傾向にあります。

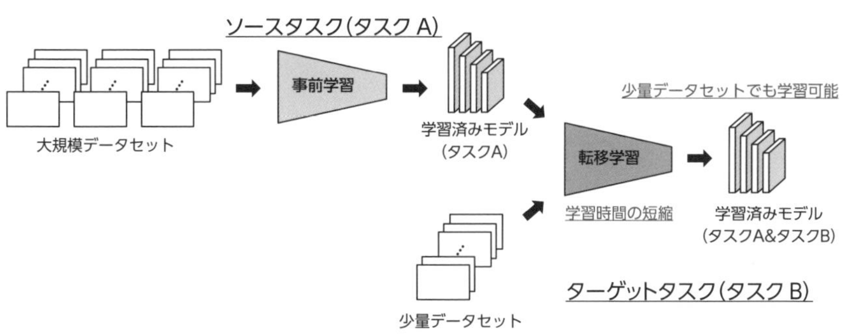

図 40-1　転移学習のスキーム

4 最先端画像センシング技術

転移学習方法

ここでは、画像認識分野において一般的に利用される**Linear probing**（最終層学習）と**Fine-tuning**（追加学習）の転移学習方法について紹介します。

●Linear probing（最終層学習）

Linear probing（最終層学習）は、事前学習モデルの特徴表現をそのまま用いる方法です。具体的には、転移学習先の学習データを用いて転移学習モデルの最終層のみを再学習させます。最終層以前のパラメータは固定します。

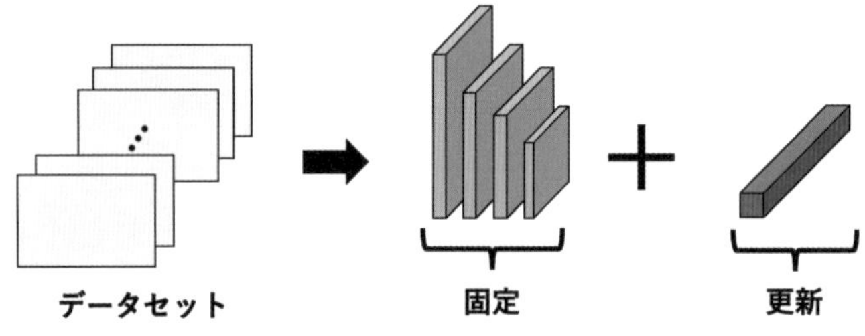

図 40-2　Linear probing

●Fine-tuning（追加学習）

Fine-tuning（追加学習）は、事前学習モデルを学習モデルの初期値として学習モデルのすべてのパラメータを再度学習します。ここで、事前学習時と転移学習時で識別するカテゴリ数が異なる場合、事前学習モデルと転移学習モデルで最終層のみ次元数が異なるため、事前学習モデルを用いない場合が多いです。一般的に、Fine-tuningはLinear probingよりもよい精度につながることがよく知られています。

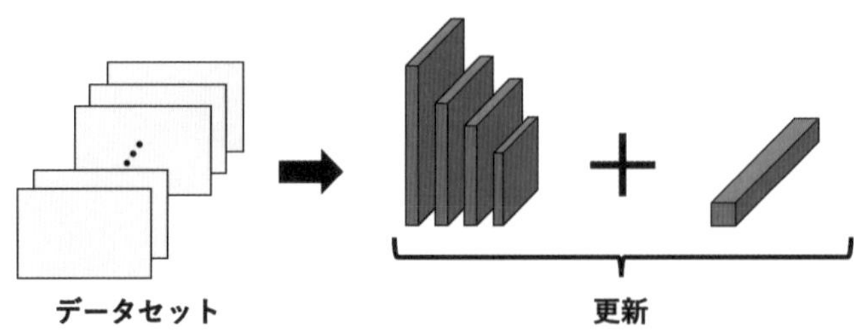

図 40-3　Fine-tuning

基盤モデルによる転移学習

P.163でも紹介したように、画像認識分野でもTransformerが主流となり始めています。最近では、このTransformerを活用した基盤モデルが注目を集めています。

基盤モデルとは、図40-4に示すようにあらゆるデータ（例えば画像、音声、言語）を1つのTransformerモデルにて事前学習し、その後、画像分類や音声合成、質問応答などのさまざまなタスクに対して適用できるモデルのことを指します。

特に、画像と自然言語に関する基盤モデルは凄まじい進化を遂げており、大量の画像と説明文のペアを学習することで、学習データには含まれない画像・説明文を生成することが可能となっています。

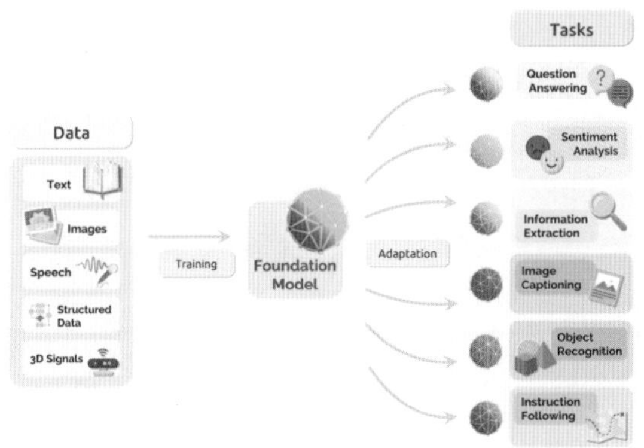

図 40-4　基盤モデルの概念図 [49]

まとめ

- 転移学習は、ある別の類似タスクで獲得した学習済みモデルを、認識対象である本来のタスクへ転移して用いる。
- 転移学習を利用することで、事前学習で得られた特徴表現を初期値として、限られた学習データでの学習を行うことができる。
- 学習時間の短縮や過学習の抑制効果などのメリットがある。

41 データ拡張

医療画像をはじめとする特定の分野においては、大量の学習データを準備することが困難です。そこで、少量学習データに対してデータ拡張を施すことで、データの多様性を向上させ認識精度を向上させています。

単一画像によるデータ拡張

単一画像による**データ拡張**（Data Augmentation）としては、幾何学変換や色相変換などが挙げられます。幾何学変換とは、画像の各画素に対応する座標に対して座標変換を施すことで、拡大／縮小／回転／反転などの画像を操作することを指します。幾何学変換に関しては、アフィン変換に倣って図41-1に示すように**Rotation**や**Flip**、**Crop**などがあります。

Rotationでは、画像を任意の角度だけ回転する処理を施します。Flipでは、画像に対する水平・垂直軸に対して反転処理を施します。Cropでは、画像を任意サイズに切り取る処理を施します。Cropする位置に関しては、主に画像の中央を切り取るCenter Cropやランダムに切り取るRandom Cropがあります。また、そのほかにも色空間を変化させることで画像全体の色相に多様性を持たせたり、Gaussian Blur Filterなどを用いて画像をぼかしたりする方法があります。

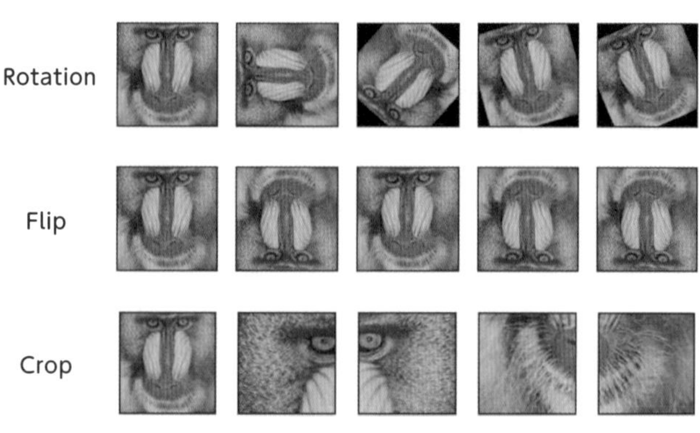

図41-1　基本的なデータ拡張の一例

複数画像を混合させるデータ拡張

複数画像を混合させるデータ拡張は、複数画像を組み合わせて混合画像を生成しデータ拡張する手法で、混合画像は人間から見ると解釈が困難であるにも関わらず、認識モデルの精度向上に寄与すると報告されています。図41-2に示すように、代表的な手法としては**CutOut**、**MixUp**、**CutMix**、**AugMix**などが挙げられます。

CutOutでは、正方形のマスク（画素値が0）を画像中のランダムな位置に貼り付けることでデータ拡張しています。MixUpでは、異なる2つの画像と教師ラベルを融合することでデータ拡張しています。このとき、入力画像と教師ラベルはベータ分布に基づき同じ割合で融合されています。CutMixでは、ある画像の局所領域を切り取り貼り付けることでデータ拡張しています。AugMixでは、複数の画像変換処理を施した画像を最後に混合させてデータ拡張しています。

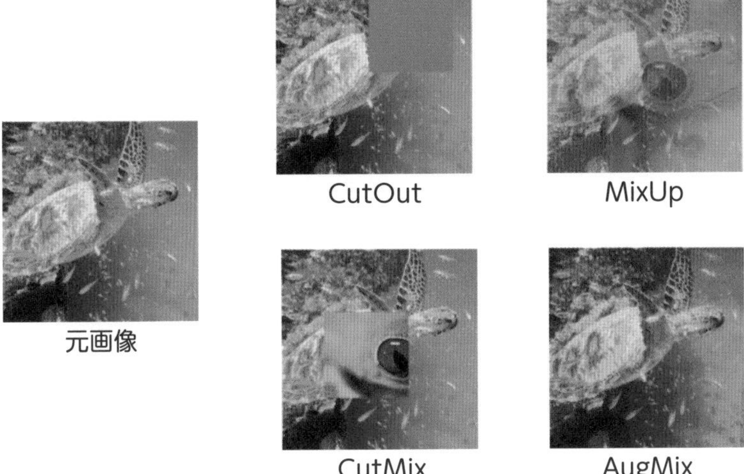

図41-2　複数画像を混合させるデータ拡張 [50]

自動データ拡張

データ拡張では、各タスクにおいて適切なデータ拡張を設計することが重要です。しかし、データ拡張の設計には専門的な知識が必要となります。そこで最近では、強化学習などの枠組みを用いて最適なデータ拡張を自動的に設計する自動データ拡張手法が注目されています。

代表的な例としては**AutoAugment**が挙げられます。AutoAugmentでは、どのようなデータ拡張を、どのような頻度で、どのくらいの強度で使用することが最適なのかを強化学習を用いて探索します。これにより最適なデータ拡張の設計を自動で決定することができます。

しかし、探索空間の膨大さに伴い膨大な計算コストが問題点として挙げられます。実際、NVIDIA Tesla P100を使用した場合、CIFAR-10で1GPUあたり5,000時間の計算時間が必要です。CIFAR-10は、犬や飛行機などの全10カテゴリで構成され、各カテゴリ6,000枚（全60,000枚）が含まれる画像データセットです。

そこで、最近は探索を効率的にすることで計算コストを削減する手法が数多く提案されています。実際、Faster AutoAugmentでは離散的で微分不可能であった探索に関するパラメータ（頻度と強度）を近似して微分可能とすることにより計算コストの削減を実現しています。

まとめ

- **大量の学習用画像を準備するのが困難な場合、少量学習データに対してデータ拡張を施し、データの多様性を向上させる。**
- **データ拡張では、幾何学変換や色変換などが施され、さまざまなバリエーションの画像群を生成する。**
- **強化学習などの枠組みを用いて、最適なデータ拡張を自動的に設計する自動データ拡張手法がある。**

5章

さまざまなタスク

有効な画像特徴の選定と機械学習の導入により、画像センシング、特に画像認識技術は飛躍的な発展を遂げました。さらに、畳み込みニューラルネットワークなどを用いた画像深層学習により、特徴抽出と識別の最適化も、学習によって実現できるようになりました。これにより、従来考えられなかったような多様な問題設定（タスク）が登場し、世界中で技術が日々競われています。本章では、画像深層学習の基本事項について解説するとともに、日進月歩で研究されているさまざまな現在進行形のタスクを紹介します。

42 行動認識と時空間モデル

行動を理解するためには、画像から獲得される空間的特徴に加えて時間的特徴を獲得することが望まれます。最近では深層学習技術を用いて、動画像から人物の動きを捉えるために時空間モデルが提案され、行動認識タスクに適応されています。

行動認識

行動認識では、人物行動が含まれる動画像を時空間モデルに入力し行動ラベルを出力します。例えば、図42-1に示すように人物が「ダンス」という行動をしている動画を時空間モデルに入力した場合、「ダンス」という行動ラベルが時空間モデルから出力されます。このとき、入力は人物の行動が含まれるフレームを切り出した動画像が使用されます。

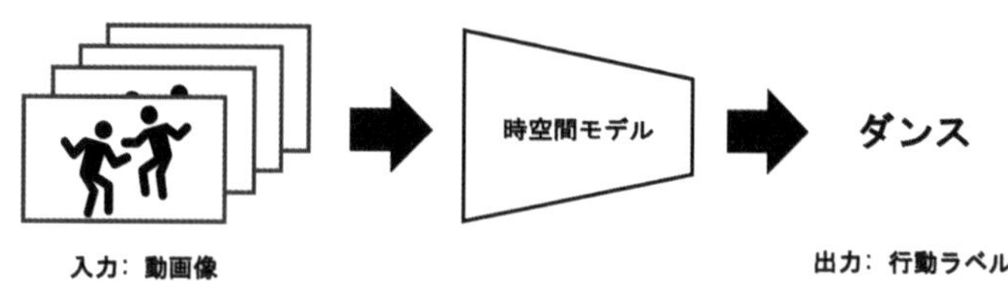

図42-1 行動認識と時空間モデル

時空間モデルの変遷

2012年のAlexNet提案当時、動画認識においても深層学習技術を利用した認識手法が提案されたものの、Dense Trajectoriesのようなハンドクラフトな特徴量による認識手法と比較して大幅に性能が劣っていました。このように、深層学習技術によりどのように時系列情報を扱うのかが大きな課題となっていました。

Dense Trajectoriesでは、各フレームの**オプティカルフロー**をつなぎ合わせて得られた特徴量に対して、周辺画素を考慮した局所特徴量を求めます。これにより行動認識が高精度に行えるようになりました。オプティカルフローとは、各フレーム間の差分から画像中に描画される物体の「動き」をベクトルとして表現するために使用される技術です。

そんな状況下において、オプティカルフローをCNNに入力することで、より時間情報に特化した特徴表現を獲得するTwo-Stream Convolutional Networks (Two-Stream CNN) が提案されました。Two-Stream CNNの提案が深層学習技術を利用した動画認識の火付け役となりました。それ以降、時空間方向にも畳み込みカーネルを拡張させることで、動画像を入力可能とする3D CNNや3D CNNの亜種として (2+1) D CNNが提案されました (図42-2)。

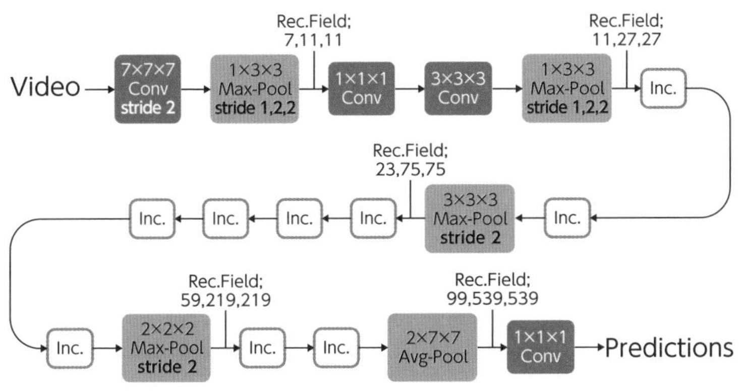

図 42-2 (2+1) D CNN [51]

Two-Stream Convolutional Networks (Two-Stream CNN)

Two-Stream CNNは、図42-3に示すように物体の形や色などの空間情報を獲得するSpatial Stream CNNとオプティカルフローを用いることで時系列情報を獲得するTempolal Stream CNNの2つのCNNから構成されます。

Two-Stream CNNは、人間が物体を知覚する際の視覚情報処理に基づいて設計されています。動画認識には物体の動きを表現する時系列情報が重要である一方で、Two-Stream CNNが提案された2014年では動画をCNNに直接入力し、時系列方向における特徴表現を獲得できていませんでした。そこで、Two-

Stream CNNでは時系列方向における特徴表現を獲得するために、フレーム間において物体の動きを表すオプティカルフローを入力しています。

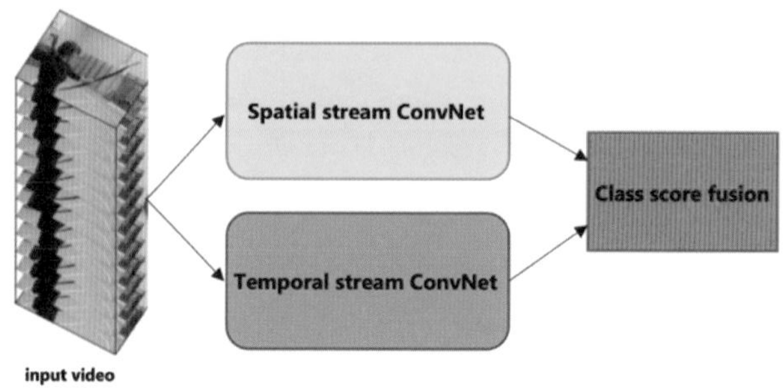

図 42-3　Two-Stream CNN [52]

3D CNN

オプティカルフローから動き表現を獲得することが有効である一方で、オプティカルフローを使用する場合、動画像から事前にオプティカルフローを計算する必要があります。さらにそれらを保存するための膨大なストレージが必要となります。そのため、大規模動画像データセットの学習や社会実装におけるリアルタイム性の観点では3D CNNは現実的ではありませんでした。

オプティカルフローを使用せず、動画のみから時系列方向における特徴表現を獲得することが理想的です。そこで3D CNNでは図42-4に示すように、動画を空間情報（2D）と時間情報（1D）として3D畳み込みカーネルを用いて処理することで、時空間情報を考慮した行動認識を実現しています。一方で、3D CNNでは ネットワークのパラメータ数が膨大となるため、計算コストが非常に高くなり、大量の学習データ数も必要となります。

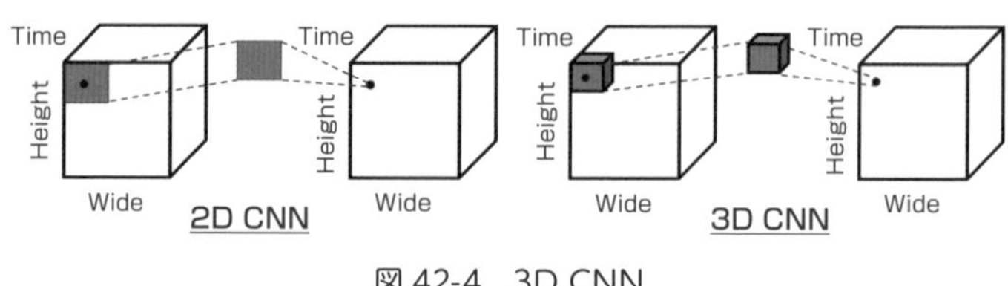

図 42-4　3D CNN

SlowFast Network

SlowFast Networkでは、空間情報と時系列情報を分割して扱うことで、動画認識における有効な特徴表現の獲得を目指しています。具体的には、図42-5に示すようにTwo-Stream Networkに準拠して、2つの入力を各ネットワークで処理した後に統合します。このときに重要となるのが、2つの入力する動画像のフレームレートが違うという点です。フレームレートが低い入力動画から空間的な特徴表現を獲得し、フレームレートが高い入力動画から時系列方向の特徴表現を獲得しています。これにより、従来の時空間モデルよりも効率的に計算可能となり、認識精度を向上させています。

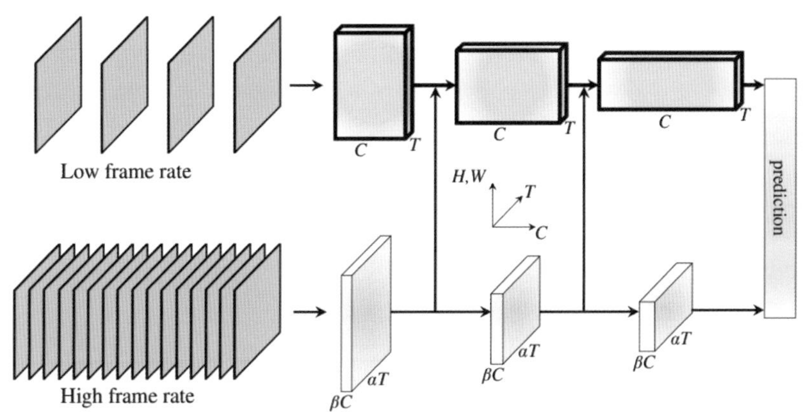

図 42-5　SlowFast Network

まとめ

- **行動認識タスクは、人物のさまざまな行動が含まれる動画像を入力とし、行動のラベルを出力する。**
- **行動認識には、画像空間に加え、時間方向にも畳み込みを行う3D CNNなどの時空間モデルが用いられる。**
- **動作の速度に依存しないSlowFast Networkなど、頑健な行動認識を実現するためのさまざまな手法が提案されている。**

43 3D認識

2012年のAlexNet登場以来、主に2次元（2D）の画像認識への技術進化が進歩しましたが、2017年のPointNetの提案以降からは徐々に3次元（3D）への物体認識／再構成への注目度が高まっています。

深層学習による3D認識

3D認識（3D Recognition）とは、3Dデータを入力して対象物体を認識するタスクになります。深層学習を利用した3D認識には図43-1に示すようなボクセル、点群、メッシュなどさまざまな3Dデータ表現が利用されており、近年では陰関数表現まで多岐にわたる表現が用いられています。ボクセルは立方体の集合、点群は3次元座標の集合、メッシュはN角形の集合により、3D物体の形状を表現しています。入力データの表現形式の多様化に伴いニューラルネットワークの構造を変化させる必要があり、それぞれのデータ表現に相応しいニューラルネットワークが提案されています。

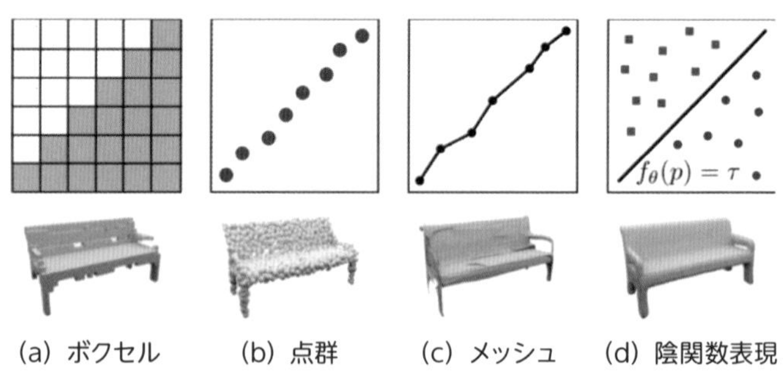

図43-1　さまざまな3Dデータの表現方法 [53]

ボクセルによる3D認識

ボクセルは画像における2次元配列を3次元配列に拡張させた3次元データ表現です。そのため、CNNを3次元に拡張させて使用可能であり、Volume

CNNなどが提案されています。ボクセルでは微細な幾何形状を表現するため高解像度にする必要があります。しかし、高解像度では計算コストの観点から限界があるため、ボクセルには解像度と計算コストの面での課題が大きく、最近では3次元点群のような3Dデータ表現に移行しつつあります。

3次元点群による3D認識

3次元点群は各座標値の相対的な位置関係により物体の幾何学的構造を表現する不規則なデータ構造です。そのため、画像認識技術をそのまま適用することは困難でしたが、2017年に点群を直接入力可能とした**PointNet**が提案されました。

PointNetでは、点群において重要とされる順序不変性※、剛体不変性※の2つの性質を満たしたうえで、高精度に3D物体を認識することを実現したことが大きな貢献といえます。特に、順序不変性に関してはMax-Poolingを導入することで実現しています。具体的には、図43-2に示すように各点群から特徴抽出後、各点群における特徴ベクトルの最大値のみを利用します。これにより、入力点群の順序が変化しても出力は不変となります。それ以降、点群に対して畳み込み処理を用いるネットワークやグラフ処理を用いるネットワークが数多く提案されています。

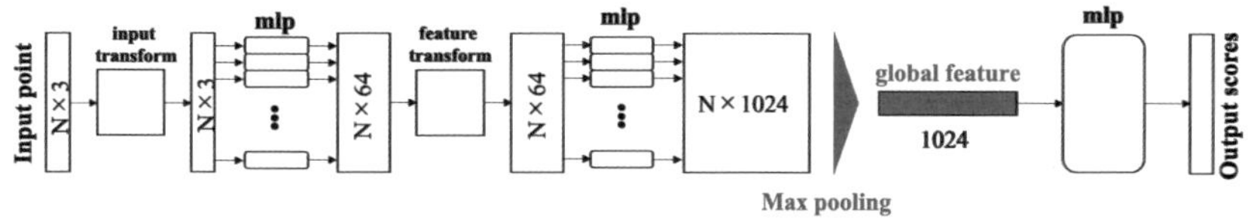

図43-2　PointNET

まとめ

- **入力データの表現形式によって最適なネットワーク構造が異なる。**
- **3次元点群の順序不変性、剛体不変性などの性質を満たすPointNetは、高精度な3D物体認識性能を実現している。**

※順序不変性：入力点群の順序が変化しても出力は不変である性質。
※剛体不変性：平行移動などのデータ拡張を与え入力座標が変化しても、3D物体の形状に対する出力は不変である性質。

44 異常検知

近年、生産工業における製造工程では、製品にキズなどの欠陥が含まれないか作業員が目視で検査する外観検査の工程を、深層学習を利用した異常検知タスクとして自動化する取り組みが注目されています。

異常検知の概説

異常検知（Anomaly Detection）とは、図44-1に示すように観測されたデータの大多数が含まれる領域と、ある一定の法則で形成される分布に合致しない領域に存在する異常なパターン（**外れ値**）を特定するタスクです。

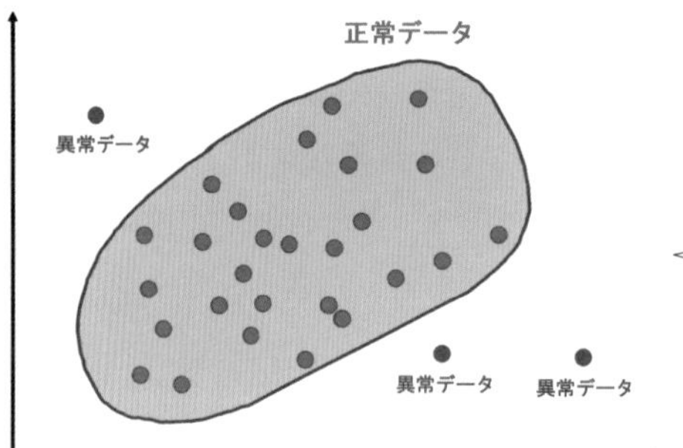

外観検査を想定すると、製造された製品が観測データであり、大多数は基本的には同品質の製品が製造されるため見た目は一緒になり正常データとして位置付けられます。一方で、稀に存在する欠陥商品は一部分見た目が異なり、異常データとして位置付けられます。

図44-1　正常データと異常データの分布例

深層学習を用いることで高精度に画像認識することが可能ですが、それには膨大な学習データが必要となります。しかし、欠陥商品すなわち異常データを取得することは稀であり、正常製品と比較して非常に少数のデータになります。そのため、最近では異常検知手法の大多数は教師なし学習問題として扱われています。

教師なし異常検知では、学習時に正常データを学習して、推論時に正常 or 異常を判定する問題設定として定式化されています。さまざまな教師なし異常検知手法が提案されていますが、ここでは基本的な**AutoEncoder**ベースの異常検知手法を紹介します。

AutoEncoderを用いた教師なし異常検知手法

画像生成などのタスクで多様に用いられているAutoEncoderベースの異常検知手法では、正常データで再構成学習したモデルは異常データに対しては再構成誤差が高くなるという前提に基づいています。

基本的には、図44-2に示すように正常画像を入力し、Encoder-Decoderを介して再構成画像を生成します。正常画像のみを使用してEncoder-Decoderを学習させることにより、学習モデルは正常画像のみに過剰適合することになります。そのため、もし異常画像が入力された場合には、欠陥部分を再構成することは難しくなります。つまり、異常画像は正常画像の場合よりも再構成誤差が大きくなります。再構成誤差が大きい画像に対して異常と判定することで異常画像を検出しています。

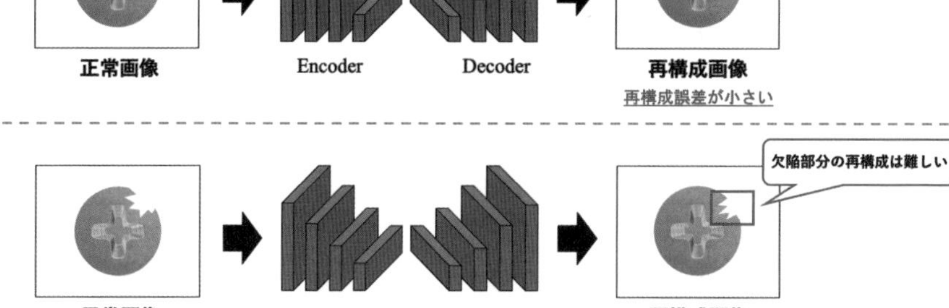

図44-2　AutoEncoderを用いた教師なし異常検知

まとめ

- **異常検知は、大多数の観測データが含まれる領域と、その分布に合致しない領域に存在する異常パターンを特定するタスクである。**
- **AutoEncoderは、画像再構成誤差の大小により画像上の異常部位を検知することができる。**

45 行動予測

行動予測とは、過去から現在までの人間や物体の行動を観測して、未来にとるであろう行動を予測するタスクです。人物行動や自動車などを対象として行動予測することで自動運転、監視システムなどへの応用が期待されています。

行動予測と動作予測

行動予測は、歩行者や自動車の経路を予測する**経路予測**と数秒先の動作を予測する**動作予測**の2つに大別できます。経路予測は、動画像中の予測対象が未来の時刻において、どのような経路で移動するかを推定するタスクです。動作予測とは、動画像中の予測対象が未来の時刻において、どのような動作を行うか推定するタスクです。

動作予測は、図45-1に示すようにピザを持つ動作を観測した場合、次の動作をピザを食べる動作と予測します。動作予測では、可能な限り早期に不確実性の低い数秒先の行動を予測できることが理想的です。従来、動作予測手法としてはCNNと時系列モデル（RNN、LSTM）を組み合わせて動作予測することが主流でした。しかし、RNN、LSTMは近接したフレームが重視される傾向があり、時系列方向に離れているフレームどうしの特徴を扱うことを苦手としています。そこで、最近ではTransformerを利用した手法が提案されています。

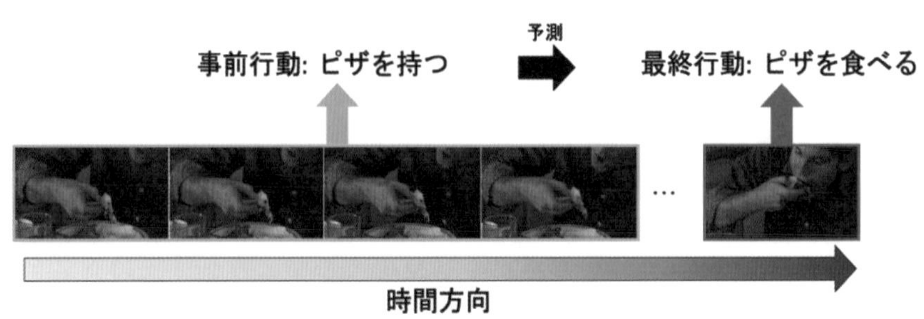

図45-1　動作予測のモデル

経路予測

経路予測では、図45-2に示すように現在位置と過去数フレームにおける移動軌跡を入力し、人物や自動車が移動するであろう経路を予測します。動画像を用いた経路予測では、予測対象の現在位置と過去数フレームにおける移動軌跡を座標もしくは動画を入力します。このとき、動画像は一人称視点、鳥瞰視点、俯瞰視点などさまざまです。入力動画から、予測対象の特徴とその周囲環境の特徴を用いることで経路を予測します。

予測対象の特徴に関しては、一般的に考慮される情報としては予測対象の現在位置における向きです。予測対象の向きを考慮することで、経路予測に対して制約項を加えることができます。また、周囲環境の特徴に関してはセグメンテーションにより各フレーム画像に対して、例えば車道/歩道/建物などへ分類することで、道路領域のみに対して経路予測するような制約を加えることができます。

図 45-2　経路予測のモデル

まとめ

- **行動予測は、過去から現在までの観測データをもとに、未来にとるであろう行動を予測するタスクである。**
- **行動予測には、経路予測と動作予測の2つのタスクがある。**
- **人物や自動車の動きを予測することで、自動運転や監視システムへの応用が期待されている。**

46 物体検出

物体検出は、画像中のどこに、何があるのかを当てる代表的な画像認識タスクです。物体の種類と存在領域を矩形で示すものが主流で、運転支援システムなどさまざまなアプリケーションにおいて活用されています。

物体検出の学習方法

物体検出とは、画像中における複数物体の位置と種類を特定するタスクです。例えば、図46-1のように画像中に物体が描写されている場合、その物体が「何」で画像中の「どこ」に描写されているのかを明らかにします。物体の位置に関しては、**バウンディングボックス**（Bounding Box：BBox）という矩形枠で物体を囲うことで推定します。

物体検出では、図46-1に示すように正解ラベルとして物体のカテゴリとバウンディングボックスの座標値が与えられ、正解ラベルと出力結果の誤差を最小化するように検出モデルは学習を進めていきます。一般的な物体検出手法の出力結果は、物体のカテゴリとバウンディングボックスに加えて、バウンディングボックスの信頼度を出力します。ここでの信頼度とは、物体をバウンディングボックスがどれくらいの確率で含んでいるのかを表す指標になります。

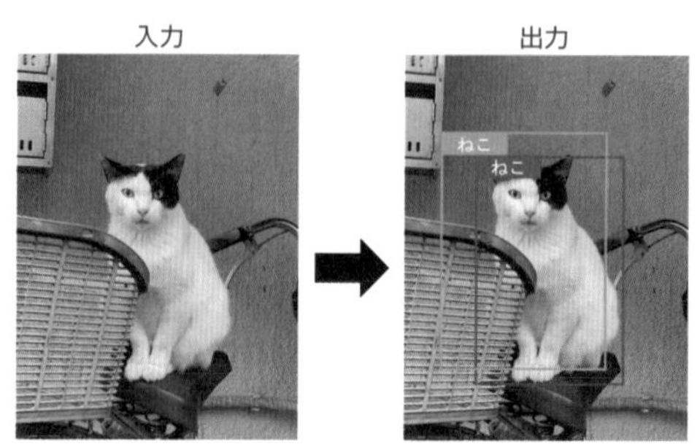

図 46-1　物体検出とバウンディングボックス

Faster R-CNNの概要

ここでは代表的な物体検出手法である**Faster R-CNN**を紹介します。Faster R-CNNが提案されたのは2015年であり、物体検出手法としては初めてend-to-endでネットワークを学習可能な検出モデルであったことが非常に画期的であり最近でも頻繁に使用されています。

Faster R-CNNは、画像の特徴表現を獲得するエンコーダーとバウンディングボックスの候補領域を提案するRegion Proposal Network（**RPN**）の2段階で構成されるネットワークです。ここで重要となるのがRPNになります。

Faster R-CNNは、図46-2に示すように画像の特徴表現を獲得するBackbone Netwrorkとバウンディングボックスの候補領域を提案するRegion Proposal Network（RPN）の2段階で構成されるネットワークです。まず、入力画像をBackbone Netwrokに入力し、特徴マップを獲得します。次に、Backbone Netwrokから出力された特徴マップをRPNに入力します。RPNでは、特徴マップ上に複数のAnchor Boxを生成し、各Anchor Boxにおいて「背景」か「物体」分類と、正解BBoxと推論BBoxの誤差を出力します。BBoxの誤差に関しては、中心x,y座標と高さwと幅hでそれぞれ算出されます。Anchor Boxは、特徴マップ上に予測BBoxの事前候補として設置されるBBoxで、さまざまなサイズが事前定義されています。

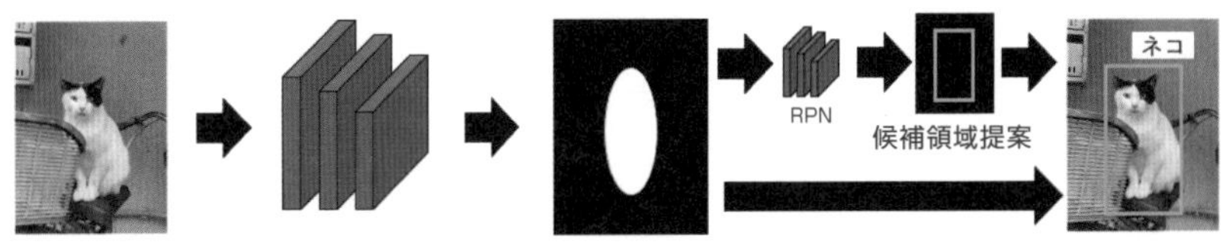

図46-2　Faster R-CNN

まとめ

- **物体検出とは、画像中のどこに何があるのかを特定するタスク。**
- **物体位置は、画像中の物体領域を矩形枠（バウンディングボックス）で囲むことで推定する。**

47 いろいろなセグメンテーション

物体検出は矩形領域で物体の種類と位置を検出しますが、さらに細かく、ピクセル単位で物体の種類を特定するタスクをセマンティックセグメンテーションといいます。ここでは、いくつかのセグメンテーションタスクについて説明します。

セグメンテーションとは？

画像認識における**セグメンテーション**では、物体やシーンごとにピクセルを塗り分ける処理を行います。セグメンテーションではもともと、前景（対象物体）と背景を分離することを示していましたが、昨今の画像認識技術の発展により意味空間ごとに領域を塗り分けられるようになりました。ここでは、図47-1(a)のような入力画像に対して、画像ラベルごとに塗り分けるセマンティックセグメンテーション（同図(b)）、背景を除き個体ごとに塗り分けるインスタン

(a) image　(b) semantic segmentation　(c) instance segmentation　(d) panoptic segmentation

図 47-1　セグメンテーションタスクの大別 [54]

スセグメンテーション（同図(c)）、画像全体に渡り個体識別とシーンごとに塗り分けを行うパノプティックセグメンテーションに大別されます。パノプティックセグメンテーションは単純にはセマンティックセグメンテーションとインスタンスセグメンテーションの統合であるといえます。

セマンティックセグメテーション

セマンティックセグメンテーション（図47-1(b)）は、画像のピクセル単位で画像カテゴリを塗り分ける問題設定です。深層学習モデルを用いる際には図47-2のように、特徴の抽象化と各位置の画像カテゴリ割り当てを行います。

forward/inference は推定、backward/learning は学習、pixelwise prediction は推定されたピクセルごとの画像ラベルを示します。正解となる画像Segmentation g.t.と比較することによりその誤差を計算、ネットワークに対してフィードバックすることで深層学習モデルを賢くしていきます。

特徴の抽象化は、畳み込みネットワークにより実施します。畳み込み処理により、近接する空間を統合しつつも意味を把握していき、特徴ベクトルを抽出していきます。

さらに、捉えた特徴からピクセルによる画像位置関係とそれらに画像カテゴリを割り当てる処理を行うことで、セマンティックセグメンテーションのラベルを返却します。ここで、多少処理の違いはあれど、どのセグメンテーション手法においても、深層学習モデルであれば特徴の抽出化と画像カテゴリ割り当てが基本処理となっています。

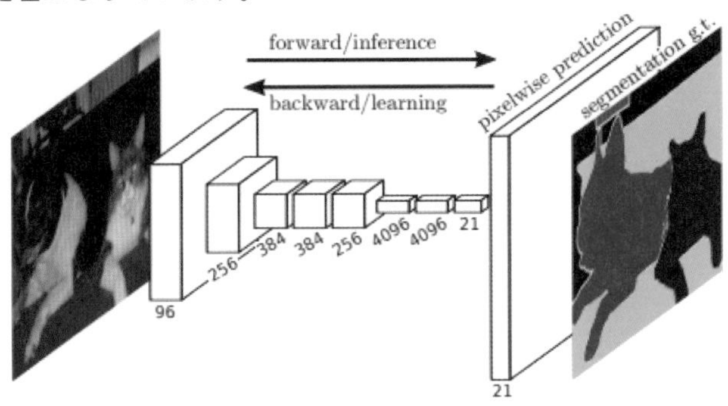

図47-2　セマンティックセグメンテーションを行うネットワーク／Fully Convolutional Network(FCN) [55]

インスタンスセグメンテーション

セマンティックセグメンテーションでは、画像中のすべての物体に対してピクセルごとの分類を行いました。インスタンスセグメンテーション（図47-1(c)）はセマンティックセグメンテーションと2つ異なる点があります。1つ目は車や人などの前景物体のみを対象としているところです。2つ目は重なった物体を分割して識別するところです。物体を1つ1つ識別するため、セマンティックセグメンテーションより実用上利便性の高い情報を抽出できます。

インスタンスセグメンテーションでは、図47-3のような深層学習モデルが使用されます。class boxは物体検出ラベル推定を行います。ピクセルごとの画像カテゴリと情報を合わせることで個体ごとに識別されたセグメンテーション結果を抽出します。セマンティックセグメンテーションと比較して大きく異なる点は、抽象化された特徴から物体検出ラベルも同時に推定し、ピクセルごとに割り当てた画像カテゴリと合わせることで個体識別を行います。

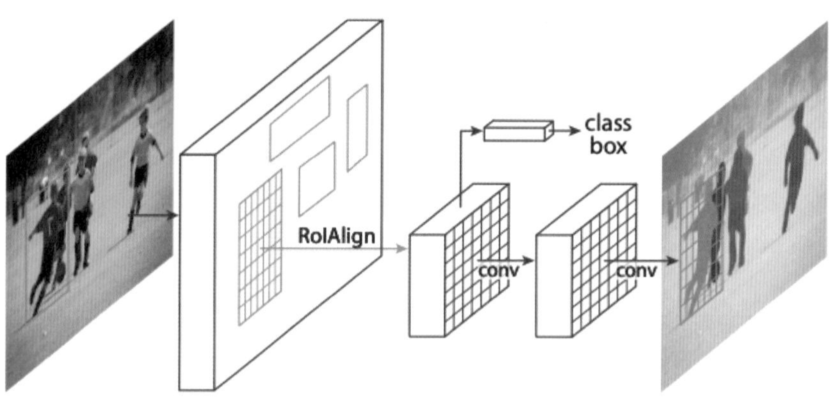

図47-3　インスタンスセグメンテーションを行うネットワーク／Mask R-CNN [56]

パノプティックセグメンテーション

パノプティックセグメンテーション（図47-1(d)）では、単純にはセマンティックセグメンテーションとインスタンスセグメンテーションの統合として、画像全体に渡り個体識別とシーンごとの塗り分けを同時に行う問題設定であるといえます。使用する深層学習モデルについては、両者の構造が採用されることが多いです。ここにおいてはデータセット側に個体識別やシーンごとのラベルが施されることで工夫されています。

セグメンテーションに関する最近の話題

2023年4月にMetaが、従来手法よりも圧倒的に高性能なTransformerベースのセグメンテーションモデル（Segment Anything Mode：SAM）を発表し話題になっています。SAMは入力画像に人間がテキストなどで指示することが可能であることに加え、多くのデータセットに対してそのデータセットで教師あり学習したモデルよりも性能が高い（つまり汎化性能が高い）ということで注目されています。従来セグメンテーションのデータセットといえば大規模なものでも数十万画像程度でしたが、SAMは1,100万枚もの画像（SA-1Bデータセット）を用いて学習されています。セグメンテーションに関する画像データセット構築についてはピクセルごとに人間が教師ラベルを付与する必要が生じるため、2D画像認識タスクの中でも最も教師ラベル付コストが大きいといわれてきましたが、SAMではデータセット構築から学習に至るまで検討され、汎用的に動作するセグメンテーションとしては十分な精度が出せるモデルを提供するに至っています。

まとめ

- **セマンティックセグメンテーションは、ピクセル単位で物体の種類を特定するタスクである。**
- **インスタンスセグメンテーションは、前景物体のみを対象とし、さらに重なった物体を分割してセグメンテーションする高度なタスクである。**
- **パノプティックセグメンテーションは、セマンティックセグメンテーションとインスタンスセグメンテーションを統合し、画像全体に渡り個別識別とシーンごとのラベル推定を同時に行う手法である。**

48 画像生成・画像変換

深層学習は、画像から物体を認識するタスクだけでなく、ユーザの要求に応じてさまざまな画像を生成したり、変換したりするタスクにも活用されています。ここでは、敵対的生成ネットワークによる画像生成・画像変換手法について解説します。

画像生成・画像変換とは？

図48-1に示されている画像群はカメラで撮影された画像のように見えますが、実は深層学習による**画像生成**（Image Generation）手法である**BigGAN**により生成された画像です。一方、図48-2は入力画像の特徴やレイアウトを保持しつつも、異なる画像表現に変換する**画像変換**（Image Translation）による結果を示します。

ここでの画像変換は任意の画像から異なる画像表現を持つ別の画像への写像という一般化された変換を示しますが、図48-2中にはセマンティックラベル（セマンティックセグメンテーションの正解画像を想定）から実画像への変換、白黒画像からカラー画像への変換、航空画像から抽象化された地図画像への変換、昼から夜への変換、線画から写真への変換を示しています。現在では多様な手法が用いられる画像生成や画像変換ですが、ここではその代表例である**敵対的生成ネットワーク**（Generative Adversarial Networks：GAN）とImage-to-Image（もしくはPixel-to-Pixelの意味であるpix2pixとも）について説明します。

図48-1　画像生成手法であるBigGANにより生成された画像群 [57]

図 48-2　画像変換の例 [58]

画像生成（敵対的生成ネットワーク：GAN）

画像生成を行う枠組みの1つである**GAN**について紹介します。GANは偽札を生成する犯罪者と偽札を識別する警察のように比喩されることが多いです。ここで、実装上は図48-3のように示され、Generator（生成器）とDiscriminator（識別器）と呼ばれる2つのモデルにより構成されます。Generatorは入力として受け取ったノイズ（わかりやすさのため図では2次元ノイズですが実際は1次元）から、実画像に近い画像を出力することを目的としています。Discriminatorは生成画像と実画像を入力として受け取り、生成画像は偽物、実画像は本物と区別することを目的としています。この2つのネットワークを競合させながら学習することで、Generatorは徐々に実画像に近い（Discriminatorを騙せる）画像を生成できるように学習されていきます。

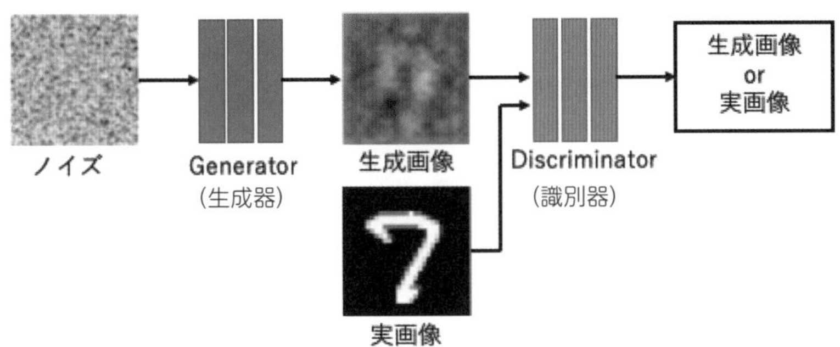

図 48-3　画像生成を実施するネットワーク GAN の概要

画像変換

次に画像変換のネットワークである**pix2pix**について説明します。

あるピクセルから異なる任意のピクセル表現に変換することからpix2pixと名付けられています。pix2pixはGANの枠組みを拡張することで実装されています。GANではノイズが入力されているのに対して、pix2pixでは画像を直接入力します。また、Discriminatorへの入力も工夫しており、pix2pixでは変換後の画像（生成画像）と変換前の画像（入力画像）のペアや正解画像（実画像）と変換前の画像（入力画像）のペアを入力します（図48-4）。これによりGeneratorはただ実画像に類似しているのみでなく、図48-2のように入力画像を反映した画像を生成することも学習することができます。

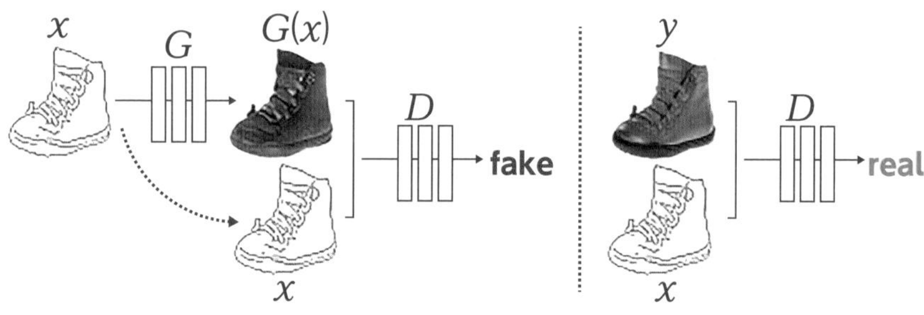

図 48-4　pix2pixの概要 [59]

まとめ

- **深層学習は、画像認識だけでなく、画像生成・画像変換のタスクにおいても有用である。**
- **画像生成では、敵対的学習手法であるGANによって、実画像に近い画像を出力する手法がある。**
- **画像変換では、GANの枠組みを拡張したpix2pixという手法が用いられる。**

6章

画像センシングを支える ツール&Tips

～ハード、ソフトからデータセットまで～

画像センシング技術を実際に現場で活用するためには、目的に応じた処理速度やコスト面などを考慮したうえで、適切なハードウェアやソフトウェアを組み合わせてシステムを構築することが必要となります。本章ではGPUやSoCなどのハードウェアから、研究開発の効率化において重要な開発環境、深層学習用ライブラリやフレームワークなどソフトウェアについてまで明解に解説します。さらに、機械学習を用いた研究開発において必須となっているデータセットや、日々更新される最新情報の収集方法のポイントについても紹介します。

49 ハードとソフト1 GPU

深層学習の演算処理、とりわけ画像を対象とした演算においては、グラフィックスに特化した高速演算を可能とするGPUが活用されています。ここでは、GPUの特徴と概要について解説します。

NVIDIA社のGPU

GPUはGraphics Processing Unitの名のとおり、もともとコンピューターグラフィックスを高速に描画するために開発・利用されていましたが、演算能力の高さからGPUを用いた汎用計算（General-Purpose computing on Graphics Processing Units：GPGPU）へも用いられてきました。そして、深層学習での演算処理との親和性の高さから注目され、**NVIDIA**社も深層学習向けの機能の増強に舵を切り、深層学習といえばNVIDIAのGPUが必須といってもよい関係になっています。

NVIDIA社のGPUはマクスウェル、ボルタ、アンペールなど、科学者の名を冠したマイクロアーキテクチャ世代で分類され、GA107、GA104といったチップの型番があり、さらに各々のチップを搭載した製品に対してRTX 3080などのシリーズ名が付与されています。

これらの製品を深層学習のために選定するにあたり、重要となるのは**CUDA** Compute Capabilityで、NVIDIA社のCUDA Toolkitのドキュメントに必ず記載されており、現在は8.xが最上位となっています。このCUDA Compute Capabilityが利用可能なCUDAのバージョンと直結しており、さらには多くの深層学習フレームワークで利用されるcuDNNのバージョンとも直結しているため、GPUを導入した時点で利用可能な深層学習フレームワークのバージョンの上限が決定すると考えたほうがよいでしょう。

TensorFlow 1.xと2.xの関係のようにメジャーバージョンが変更されて、後方互換性がないケースもありますので2.xで利用するつもりでやや古いGPUを導入したら対応していなかった、という事態になりますので注意しましょう。

NVIDIA社以外のGPUの利用

これまでGPU＝NVIDIA社のような説明をしてきましたが、ほかのメジャーなGPUをリリースしているメーカーとしては**AMD**や**Intel**があります。AMD、Intelともに並列コンピューティングのためのAPIである**OpenCL**に対応していますので、PlaidMLのようにOpenCLに対応した深層学習フレームワークがあれば利用可能ですが、一部に留まります。AMDについてはCUDAに相当するROCmが深層学習フレームワークのPytorch公式に対応したバージョンをリリースしていますので今後は広く利用される可能性があります。

また、GPUは設計があくまでもコンピューターグラフィックス用なので、これを深層学習（のテンソル演算）に特化して設計した**TPU**（Tensor Processing Unit）もGoogleにより開発されていますが、販売はしておらずクラウドサービスのGoogle Cloud PlatformやGoogle Colaboratoryでの利用に限られます。

■ NVIDIAのGeForceブランドとCUDAの互換性

マイクロアーキテクチャ世代	主なシリーズ	Compute Capability	利用可能なCUDAのバージョン
フェルミ	GTX 500	2.x	3.0–8.0
ケプラー	GTX 600, 700	3.x	6.0–11.8
マクスウェル	GTX 750, 900	5.x	6.5以降
パスカル	GTX 10, TITAN X	6.x	8.0以降
ボルタ	TITAN V	7.x	9.0以降
チューリング	GTX 16, RTX 20, TITAN RTX	7.5	10.0以降
アンペール	RTX 30	8.x	11.0以降
ホッパー	RTX 40	9.x	11.8以降

■ TensorFlowの動作確認済み構成の各バージョン

TensorFlow	Python	cuDNN	CUDA
2.11	3.7–3.10	8.1	11.2
2.7	3.7–3.9	8.1	11.2
2.6	3.6–3.9	8.1	11.2
2.4	3.6–3.8	8	11
2.3	3.5–3.8	7.6	10.1

まとめ

- 深層学習における画像演算処理において、GPUの活用は必須。

50 ハードとソフト② SoC

車載センシング用途の画像処理システムやモバイルデバイス上での画像処理においては、高速な推論が可能な専用ハードウェアであるSoCが用いられます。ここでは、推論向けのSoC、NPU、VPUについて説明します。

推論向けハードウェア

前節ではGPUを深層学習での学習に使用する前提での話をしましたが、実用においてはスマートフォンなどのモバイルデバイスで推論のみ利用するといった状況が多くなります。モバイルデバイスでの推論に独立したGPUを利用するのは消費電力も多く機器が大型化してしまうので効率的ではなく、「CPUのみでも十分高速な推論が可能なモデルを構築する」か「モバイルデバイスでの推論用に高速なハードウェアを組み込んだ**SoC**（System-on-a-Chip）を用意する」かの選択となり、後者に向けた専用のSoCが多数開発されています。

NVIDIA社は組み込み環境や自動運転車などの自律移動マシンでの利用を念頭に、SoCを搭載した**Jetson**シリーズをリリースしています。Jetsonシリーズの最大の利点は導入の容易さで、NVIDIAより仮想マシンのように本体とは異なるシステムを動かせるDocker用のContainerが提供されているためJetsonシリーズに最適化された環境がすぐに入手できます。

多種多様なエッジデバイス

SoCはもともと深層学習とは関係なく、汎用計算を行うCPUやWi-Fi関連、USBやBluetoothなどのインターフェイス関連のチップセット、グラフィック処理を行うGPUなどをワンチップに集積したもので、モバイルデバイスの小型・省電力な心臓部として使用されています。そして、深層学習での演算の専用プロセッサとして**NPU**（Neural network Processing Unit）を追加したSoCがApple社、NXP社、Kendryte社などから開発されており、今後はNPU搭載が当たり前の状態になると思われます。

エッジデバイスの補強

SoCではありませんが、**ASIC**（Application Specific Integrated Circuit：特定用途向けIC）としての機械学習アクセラレータを既存の**エッジデバイス**に追加する製品も販売されています。

Googleはエッジデバイスでの推論を用途としたASICのEdge TPUの開発・発売をしておりCoralというブランドを展開しています。Coralについては推論だけでなく転移学習の一種であるImprintingを実装したAPIを公開しています。また、Intelは推論に特化したICのMyriadVPU（Vision Processing Unit）を搭載したUSB接続で利用可能なNeural Computing Stick 2を発売するとともに容易に利用可能とするOpenVINOも提供しています。

以上のような推論向けのSoC、NPU、VPUですが、各種深層学習フレームワークで機械学習の共通フォーマットである**ONNX**形式の利用が進んでおり、それぞれのフレームで学習した後に、モデルをONNXで出力すればすぐに利用でき、あまりフレームワークを意識せずに使えるようになっています。

図50-1　Jetson Nano

まとめ

- **画像処理における高速な推論が可能な専用ハードウェアであるSoCは、車載やモバイル端末など、エッジ端末上での画像センシングにおいて活用されている。**

51 ハードとソフト③ クラウドサービス

深層学習を用いた研究開発を効率的に行うには、GPUなどのハードウェア資源を有効活用する必要がありますが、それらのリソースを最新の状態で用意するのは大変です。ここでは、深層学習の開発に活用できるクラウドサービスについて紹介します。

Google Colaboratory

深層学習の概要は本書で示していますが、実際の学習にはGPUが必要で、かつ極力新しい状態を維持し続ける必要があるため、手軽に誰でも試せるとはいえない状況です。また、個人レベルでは導入困難なGPUクラスター環境が必要となる場合もあります。

GPUを利用した深層学習を試してみたいというときには、**Google Colaboratory**をお勧めします。Google Colaboratoryは、Googleが高速なGPU環境を無料で容易に利用できるサービスです。Webインターフェイスとして提供され、ColaboratoryではドキュメントとPythonのソースコードの記載と実行結果が1つのファイルとして扱えるJupyter notebookと似たColabノートブックが利用可能です。ただし、無料で提供される機能としては高度ですが、利用時間、メモリ、ランタイムに制限がかけられており、無償版はあくまでも勉強・お試しのためと考えたほうがよいでしょう。

ランタイムに制限はありますが、Colabノートブックに書かれた内容はGoogle Drive上で同期されるので、ランタイム時間に到達してもその内容は消えません。しかし、実行中のモデルについては消えてしまいます。一方で、Google Driveをマウントする機能があるため、学習途中のチェックポイントや学習し終えたモデルを自身のアカウントに紐付いたGoogle Driveに保存できるのでランタイム終了ですべてが消えてしまうことは防げます。

有料版についてはColab Pro、Colab Pro+が用意されており、グレードに応じて利用可能なGPUが変わるだけでなく、ランタイム時間も延長され、Pro+だと、ブラウザを閉じても実行プロセスを維持できる機能が付与されます。

なお、より大規模なGPU環境を利用したい場合、所属組織がGPUクラスターを保有しているケースは稀ですので、AWS（Amazon Web Services）や**Google Cloud**、**Microsoft Azure**のGPUインスタンスを利用する手段もあります。

ノンプログラミング環境

さまざまな**ノンプログラミング**環境サービスが公開されています。典型例としてSonyのNeural Network Consoleを紹介します。レイヤーの設計あるいは構造の自動探索から学習のプロセスに至るまで、Web上のインターフェイスでGUIを用いるだけで、容易にサービスが受けられます。図51-1はそのGUIの例です。このサービスはGPU環境がすでにある場合に対応できるようにWindowsのアプリケーションとしてもリリースされています。よってローカルの環境のみで実行できる点もユニークといえます。

以上のようなクラウドでの深層学習の利用についての注意すべき側面として、あくまでも学習によるモデル構築がメインであり、実利面では最終的にどの形式での出力が可能かについても確認する必要があります。

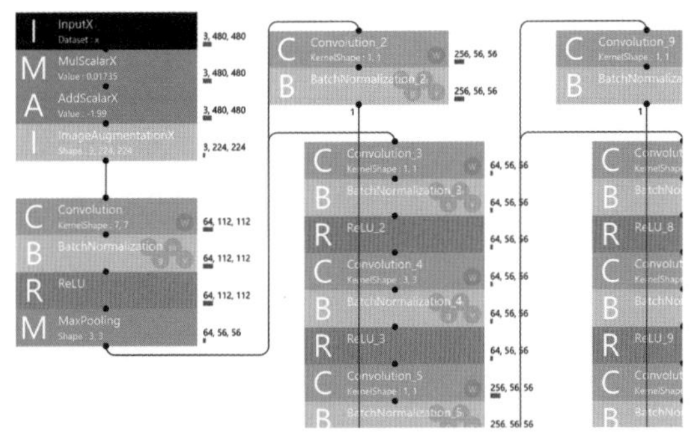

図51-1 Neural Network Consoleでのモデル定義の一部

まとめ

- **深層学習を用いた研究開発において、GPUなどの最新のハードウェア資源を自由に組み合わせ、オンラインで利用可能なクラウドサービスの活用が進んでいる。**

52 ハードとソフト④ 新しいカメラ

画像センシング技術の進歩と合わせて、新しい機能や特徴を持ったカメラも次々と登場しています。ここでは、カラー画像と共に奥行き情報（デプス情報）も取得可能なデプスカメラについて解説します。

デプスカメラ／Kinect

家庭用ゲーム機用の体感型ゲームのためのジェスチャー・音声認識デバイスとして**Kinect**が登場してから約10年経過しています。Kinectの原理は、近赤外線のスポット光を大量に照射して、それらの関係から奥行き（**デプス**）を推定するLight Coding方式です。適用場面は原理的には屋内環境に限られますが、家庭用ゲーム機用のデバイスでありながら高解像度なRGB-D画像が得られるとともに、多人数での姿勢推定を可能としました（図52-1）。

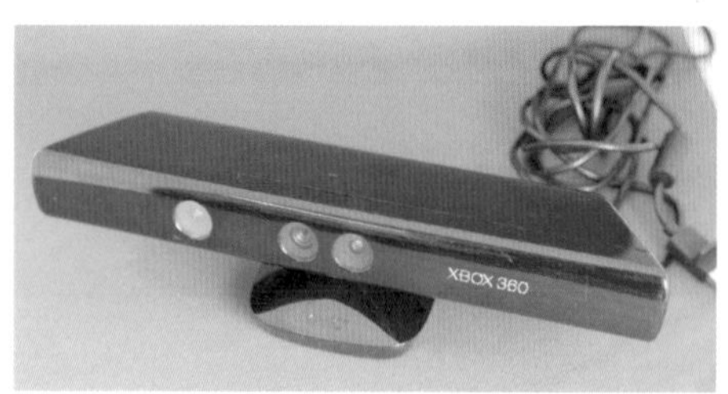

図52-1　Kinect

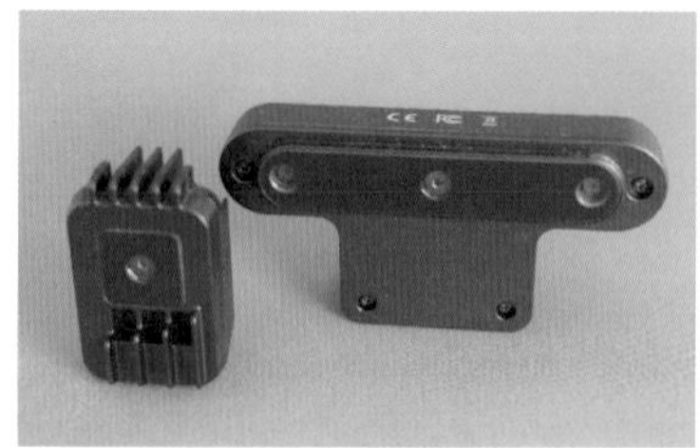

図52-2　OAK-D

Kinect以前から、デプスの取得にはステレオ視やアクティブステレオなどさまざまな方法が考案されていました。一般に光を照射してから反射して戻るまでに時間が反射物体までの距離に依存するのを利用して画素ごとの距離を測る**ToF**（Time of Flight）を利用するデバイス単体でデプスが測れるカメラは非常に高価でした。

わずか数万円のデバイスでVGAサイズのデプス画像が高FPSで取得可能なKinectの登場は、画像処理やロボット関係の研究者にとって衝撃的でした。Kinectの深度センサーはPrimesense社が提供したものでしたが、同社は後にApple社に買収されており、Kinect v2ではToF方式を採用し、より高解像度かつ検出範囲の拡大と性能はアップしたにもかかわらず、初代Kinectのような支持を得られず販売が終息していました。現在はAzure Kinect DKが発売されており、デプスカメラと姿勢推定のほか、音声認識、画像認識のサービスも受けられます。なお、産業用途としてのデプスカメラはこれらの低価格化の余波を受けて、高価であったデプスカメラがBasler Blazeのように数十万円の価格で入手可能となっています。

デプスカメラ／RealSense

Intelは、オールインワンなプロトタイピングデバイスであるEuclid Development Kitや、RealSenseシリーズとしてステレオカメラやLiDAR Cameraやトラッキングカメラ、顔認識カメラなどさまざまな方式によるデプスカメラをリリースしていました。しかし残念ながらEuclidは早々に販売終了となり、RealSenseシリーズについても2021年にビジネス的理由でステレオカメラ以外の開発・提供終了を発表しています。

Intel Movidius Myriad X VPUを搭載したSoM（System-on-Module）を利用したLUXonis社のOAK-Dは、新しいデプスカメラです。OAK-Dは、120FPSのステレオ視用カメラ2個と4Kカメラ1個を搭載し、RGB-D画像はもちろん、OpenVINO経由でVPUを使用した推論もカメラ本体のリソースのみで可能です（図52-2）。

まとめ

- **カラー画像と奥行き情報を同時に取得可能なデプスカメラは、性能向上と低価格化が進み、さまざまな用途で活用されている。**

53 画像識別データセット

画像識別タスクは、画像中の物体を識別するタスクで、基本的には画像中の物体の種類（カテゴリ）が教師ラベルとして付与されています。なかでもImageNetは第三次AIブームの火付け役と称され、画像識別タスクにおいて代表的なデータセットです。

ImageNetとは

ImageNetは、スタンフォード大学のFei-Fei Li先生率いる研究グループにより約2年の歳月を経て構築された画像データセットで、これを用いて、2010年に初回コンペティションが開催されました。1,400万以上の画像と2万以上のカテゴリから構成されており、2010年当時では画像認識においては圧倒的に大規模なデータセットでした。画像はFlickrなどから収集されており、教師ラベルは英語辞書であるWordNetの階層構造に基づいてクラウドソーシングサービス（AMT：Amazon Mechanical Turk）を使用して2万人のクラウドワーカーにより付与されています。2010年からは画像識別と物体検出のベンチマークであるImageNet Large Scale Visual Recognition Challenge（ILSVRC）で使用されています（図53-1）。

大規模データセットとしての有用性

2012年にAlexNetが提案され、CNNベースに画像識別モデルが多数提案されましたが、パラメータ数の増加に伴い過学習の問題が懸念されていました。過学習とは、最適化すべきパラメータ数に対して学習画像が少数のために学習モデルが汎用的な特徴を学習する際、テスト画像に対して汎化できない問題です。

この問題を緩和するのがP.178～183で紹介した事前学習・転移学習という学習テクニックです。実際に2023年現在では、大多数の画像分類モデルではImageNetで事前学習して獲得した特徴表現を学習モデルの初期値として与える方策が研究界で行われています。

ImageNetの問題点

2023年現在、ImageNetはさまざまな側面で問題が指摘されています。例えば、ImageNetは1枚の画像に1つの教師ラベルが付与されていますが、画像によっては複数物体が描写されていたり、ミスラベルも含まれています。また、人物に関するカテゴリも多数存在しますが、各カテゴリにおいて白人男性の割合が多いことが明らかとされています。

これらの問題は、深層学習ベースの学習手法においては出力結果に対して悪影響を及ぼす要因となりえます。そのため、近年ではこれらを解決するための研究もなされています。

図 53-1　ImageNet の画面 [60]

まとめ

- 画像識別タスク向けのデータセットでは、画像中の物体の種類が教師ラベルとして付与されている。
- 画像識別用の大規模なデータセットしては、ImageNetが著名である。
- 多くの画像識別モデルでは、ImageNetで事前学習して獲得した特徴表現を学習モデルの初期値として与えている。

54 動画認識用データセット

動画中の人物行動を理解することは、行動分析や動画検索、さらには人間とロボットが共存を目指す研究開発を進めるうえで重要な要素となります。ここでは代表的な行動認識データセットを紹介していきます。

Human Motion DataBase (HMDB)

Human Motion DataBaseは、主にYouTube、Googleビデオなどの動画共有サイトから合計6,766の動画を収集し、51種類の人物行動ラベルを含んでいます（図54-1）。また、人物行動ラベルのみならずメタ情報として、動画に写っている身体部分（全身、上半身、下半身、頭部）、カメラが静止・運動しているかどうかを示すカメラ情報、俳優に対するカメラの視点（前、後、左、右）、アクションにかかわった人数（1、2、複数人）などが与えられています。

動画を各フレームの高さを240pixに統一し、アスペクト比に伴い幅もリサイズします。フレームレートは30fpsです。

図54-1　Human Motion DataBaseにおける各行動クラスに対する動画例［61］

Kinetics

深層学習には膨大な学習データが必要であり、HMDB51ではデータ数や人物行動クラスが不十分でした。そこで、2017年に約31万動画と400の人物行動クラスから構成される**Kinetics**400が提案されました。現在でもKineticsは、Kinetics-600・Kinetics-700・Kinetics-700-2020と年々データセットは拡張されています（図54-2）。

Kineticsは、既存の人物行動データセットの教師ラベルを参考にしながら行動認識ラベルを定義し、YouTube上から動画を収集しています。さらに、Amazon Mechanical Turks（AMT）によりクラウドワーカーを雇用し、各学習データにおいて行動ラベルと一致する人物行動が含まれるかを人手でチェックしています。Kineticsが行動認識分野に与えた貢献は非常に大きく、2022年ではKineticsで事前学習したモデルを利用することが主流となっています。

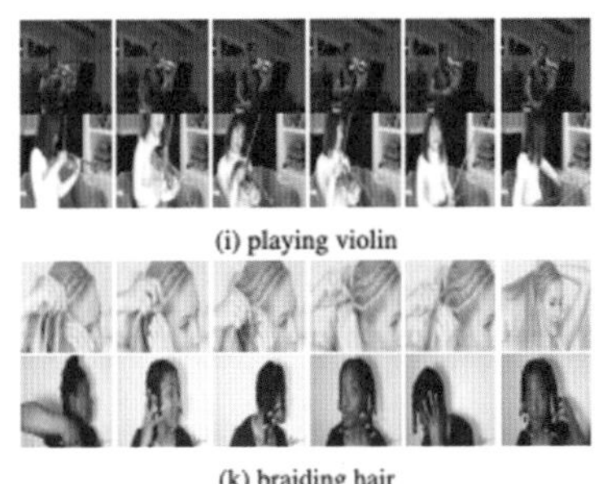
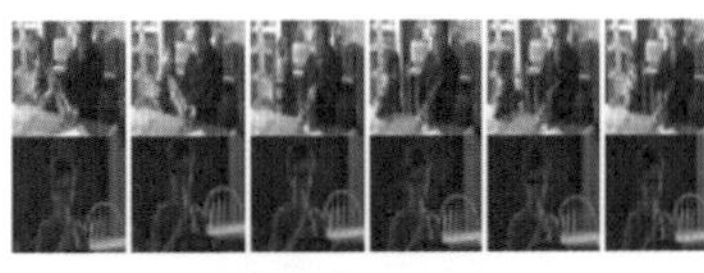

(i) playing violin　(j) playing trumpet

(k) braiding hair　(l) brushing hair

図54-2　Kineticsにおける行動クラスの動画例［62］

まとめ

- 動画像を対象とした画像認識タスクには、行動認識や動画検索などがある。
- 動画認識用データセットとしては、動画中の人物の行動ラベルや人数、カメラ情報などが付与されたHMDBやKineticsなどが利用されている。

55 3次元物体認識

3次元物体認識は、多岐にわたる3次元データ方式と多様なタスク、さらには屋内や屋外などの環境の違いにより取得されるデータも異なるため、それぞれの環境と多様なタスクに合ったデータセットが提案されています。

形状分類データセット

3次元物体認識は3次元データ表現に依存して処理が異なり、3次元データはボクセル、メッシュ、3次元点群、陰関数表現などと多岐にわたります。また、タスクとしては形状分類、3次元物体検出、領域分割などのさまざまなタスクが存在し、屋内環境や屋外環境により取得されるデータも異なるため、それぞれの環境と多様なタスクに合ったデータセットが提案されています。

ModelNetはCADデータからなる3次元データセットです（図55-1）。飛行機や椅子などの全40カテゴリで構成されており、127,915個のCADデータがあります。無料の3Dモデルサイトである3D Warehouseから261のCADデータセットを収集し、それらのCADデータをクエリとしてシーン分類用データセットであるSUNデータベースにおいて、カテゴリあたり20以上のオブジェクトが含まれるカテゴリのみを採用しています。

2022年現在、2Dビジョンタスクと比較してまだ大規模化が望まれており、また加えて、合成データであることから性能がすでに飽和状態であるなど実データによる評価も望まれています。

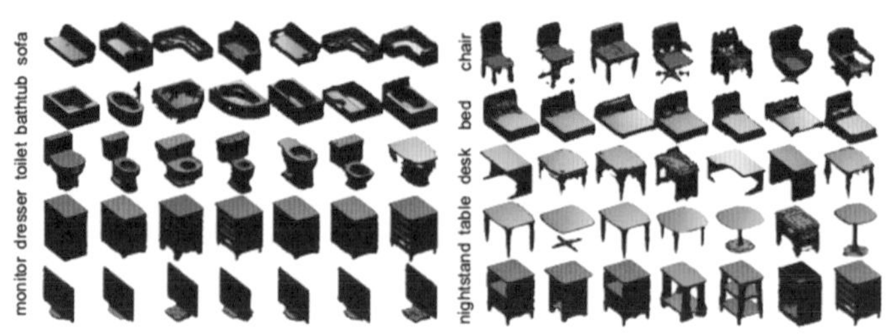

図55-1 ModelNet [63]

物体検出における代表的なデータセット

ここでは3次元物体検出と領域分割における代表的なデータセットを紹介します。初めに、3次元物体検出では屋外環境と屋内環境の2つに大別することができます。屋内環境で取得された3次元データにより構築されたデータセットとしては「**SUN RGBD**」(図55-2)や「**ScanNetV2**」が挙げられます。

SUN RGBDは2015年に公開されたデータセットであり、47シーン・37カテゴリから構成されています。また、ScanNetV2は2018年に公開されたデータセットであり、1,500シーン・18カテゴリから構成されています。両者ともにデータ表現としては3次元点群です。

また、屋外環境で取得された3次元データにより構築されたデータセットとしては「**KITTI**」が挙げられます。ScanNetは2012年に公開されたデータセットであり、22シーン・8カテゴリから構成されています。両者ともにデータ表現としては3次元点群です。

図55-2　SUN RGBD [64]

まとめ

- 3次元物体認識は、3次元データ表現の形式によって処理の仕方が異なり、各タスクに応じ、形状分類や物体検出用のデータセットが用意されている。

56 物体検出＆セマンティックセグメンテーション

画像中の物体存在領域を矩形として検出する物体検出、ピクセル単位で物体の識別ラベルを推定するセマンティックセグメンテーションでは、ともに大規模なアノテーション付きデータセットが必要です。代表的なデータセットについて紹介します。

Pascal VOC

物体検出＆**セマンティックセグメンテーション**とは、画像内におけるすべての物体を識別し、位置と領域を推定するタスクです。ここでは、物体検出＆領域分割データセットの中でも代表的な**Pascal VOC**と**MS COCO**について紹介します。

「Pascal VOC」は、Pascal Visual Object Classesチャレンジという画像認識分野の技術促進のためのコンペ用に構築されたデータセットです（図56-1）。カテゴリ数は20、画像枚数は約1.1万枚、物体数は約2.7万個で構成されており、画像1枚あたり平均2個の物体が含まれています。また、物体の位置座標に加えて人間がその画像を目視したときの状態が付与されています。例えば、車と人が重なって人が隠れていたり、何かの物体が見切れている場合があります。さらに、セグメンテーションはもちろん行動検出などのタスクにも利用することが可能です。

図 56-1 Pascal VOC [65]

MS COCO

「MS COCO」は、物体検出＆領域分割のタスクで最も代表的なデータセットです（図56-2）。カテゴリ数は80、画像枚数は約15万枚、物体数は約90万個で構成されており、画像1枚あたり平均8個の物体が含まれています。物体検出＆領域分割では、物体の大きさによって識別性能が左右される場合があります。異なるスケールごとに性能を評価するために、各物体に対して小、中、大のラベルが付与されており、人物の姿勢を推定するタスクや画像内における状態を説明するタスクなどにも利用することができます。

図56-2　MS COCO [66]

まとめ

- **物体検出とセマンティックセグメンテーションは、画像内のすべての物体を識別し、それらの位置と領域を推定するタスクである。**
- **物体検出とセマンティックセグメンテーション用のデータセットとしては、Pascal VOCやMS COCOがある。**

57 最新情報の収集

コンピュータービジョン分野の技術進展のスピードは速く、日進月歩で新しい技術や論文が創出されています。分野の最新動向を把握しながら、オリジナリティのある研究開発を行うには、効率的に最新情報を収集する必要があります。

国内におけるシンポジウムと研究会

2012年以降、コンピュータービジョン分野における論文数は指数関数的に増加しています。コンピュータービジョン分野において最難関国際会議として位置付けられる**CVPR**だけでも毎年1,500本を超える論文数です。また、**arXiv**にて日々多くの論文が共有されており、各タスクにおけるトレンドは目覚ましく変化し続けています。そのため、コンピュータービジョンにおける最新動向を常に把握することは非常に困難なので、効率的に日進月歩の最新情報を収集する戦略を持つことは非常に重要な課題となります。そのためのチャレンジングな試みを紹介します。

画像センシング技術研究会が毎年6月に画像処理に関する国内最大規模のシンポジウムであるSymposium on Sensing via Image Information（**SSII**）を開催しています。SSIIでは特別講演をはじめ、チュートリアルセッションや技術動向解説セッションなどが企画されており、画像センシングに関する基礎理論から世界最先端の技術研究動向をまとめて一挙に解説を聞くことができます。

図 57-1　熱気溢れるSSIIのインタラクティブセッションの会場風景

SSIIと並んで、ビジョン技術の利用化ワークショップViEW（IAIP（JSPE）主催）からも眼が離せません。特に、産業界からの厳しい画像センシング技術現場の声を聞くことができる絶好の舞台です。

下図は、SSIIとViEWのロゴとフラグメントです。

図 57-2　SSII のロゴとフラグメント [67]

図 57-3
ViEW のロゴマーク [68]

cvpaper.challenge

cvpaper.challengeは、「コンピュータービジョン分野の今を映し、新しいトレンドを創り出す」という目標の元で、各研究機関の研究員や大学生などの有志メンバーによって運営されている研究コミュニティです。

cvpaper.challengeではCVPR/ICCV/ECCV網羅的サーベイなどの論文読破チャレンジ企画が開催されており、有志メンバーにより調査された最新論文の要約が日本語としてWEB上に公開されています。また、cvpaper.challengeでは論文調査だけにとどまらず、その知見に基づいて研究テーマを設定し、毎年数十本の論文を難関国際会議に投稿しています。これにコミットするには、どなたでもwebサイトからアプローチしてください。

図 57-4　cvpaper.challenge [69]

まとめ

- **画像センシング、機械学習分野の技術は日進月歩であり、学会やオンラインイベント、cvpaper.challengeなどの研究コミュニティSNSなどを活用した効率的な情報収集が求められる。**

参考文献

1章　画像センシング現場の技術深訪

01 安全運転支援・自動運転

[1] https://www.mlit.go.jp/report/press/content/001371533.pdf

[2] CITYSCAPES　DATASET　https://www.cv-foundation.org/openaccess/content_cvpr_2016/papers/Cordts_The_Cityscapes_Dataset_CVPR_2016_paper.pdf

"M. Cordts, M. Omran, S. Ramos, T. Rehfeld, M. Enzweiler, R. Benenson, U.

Franke, S. Roth, and B. Schiele," The Cityscapes Dataset for Semantic Urban Scene Understanding," in Proc. of the IEEE Conference on Computer Vision and Pattern Recognition (CVPR), pp.3213-3223,2016."

[3] https://www.mlit.go.jp/jidosha/Ninteiseido/Hokosya/AEBS2.html

02 医療支援・健康サポート

[4] メディカルAI 専門コースオンライン講義資料　© Copyright 2018, Preferred Networks & キカガク

https://japan-medical-ai.github.io/medical-ai-course-materials/notebooks/06_Blood_Cell_Detection.html

[5] エキスパートの知見を取り入れたマルチスケール・アテンション機構による疾患識別

http://mprg.jp/publications/f20200610_sakashita

https://ieee-dataport.org/open-access/indian-diabetic-retinopathy-image-dataset-idrid

[6] "「OpenPose: Realtime Multi-Person 2D Pose Estimation using Part Affinity Fields

Zhe Cao, Student Member, IEEE, Gines Hidalgo, Student Member, IEEE,

"Tomas Simon, Shih-En Wei, and Yaser Sheikh」より引用""

https://arxiv.org/pdf/1611.08050.pdf

03 生体認証システム

[7] 石山塁,"物体指紋"を用いたモノの個品認証, 日本セキュリティ・マネジメント学会誌, 第33巻第2号 2019年9月, pp. 19--26, 2019. https://www.jstage.jst.go.jp/article/jssmjournal/33/2/33_19/_pdf

04 マシンビジョン／検査

[8] https://github.com/pankajmishra000/VT-ADL

05 バーチャルリアリティ・ミックスドリアリティ

[9] https://www.pokemongo.jp/

[10] https://www.google.com/maps/

[11] https://mars.nasa.gov/mars-exploration/missions/mars-exploration-rovers/

[12] Liang, X., Chen, W., Cao, Z. et al. The Navigation and Terrain Cameras on the Tianwen-1 Mars Rover. Space Sci Rev 217, 37, 2021

[13] Charith Lasantha Fernando, Masahiro Furukawa, Tadatoshi Kurogi, Kyo Hirota, Sho Kamuro, Katsunari Sato, Kouta Minamizawa, and Susumu Tachi: TELESAR V: TELExistence Surrogate Anthropomorphic Robot, ACM SIGGRAPH 2012, Emerging Technologies, Los Angeles, CA, USA , 2012

[14] Reiji Miura, Shunichi Kasahara, Michiteru Kitazaki, Adrien Verhulst, Masahiko Inami, and Maki Sugimoto. 2021. MultiSoma: Distributed Embodiment with Synchronized Behavior and Perception. In Proceedings of the Augmented Humans International Conference 2021 (AHs '21). Association for Computing Machinery, New York, NY, USA, 2021

06 スポーツ

[15] 出典：三上・高橋・西條・五十川・木村・木全："VRイメージトレーニングシステムの実現と野球への適用，" NTT技術ジャーナル，Vol.30，No.1，pp.22-25，2018.

[16] What is Judging Support System(JSS)?

https://sports-topics.jp.fujitsu.com/en/solutions/judging-support-system/"

07 農林水産・畜産・食品

[17] 出典：NTT技術ジャーナル　Vol.32，No.4，pp.45-49，2020

2章　画像センシングのキホン～センサーから画像処理まで～

10 デジタルカメラ　画像とファイル形式

[18] https://www.edge-ai-vision.com/2022/01/mipi-cameras-vs-usb-cameras-a-detailed-comparison/

https://2384176.fs1.hubspotusercontent-na1.net/hubfs/2384176/MIPI_CSI-2_Specification_Brief.pdf

[19] https://commons.wikimedia.org/wiki/File:DCT-8x8.png

14 画像データのキホン

[20] https://commons.wikimedia.org/wiki/File:Sego_lily_cm.jpg

[21] https://commons.wikimedia.org/wiki/File:AdditiveColorMixing.svg

[22] https://commons.wikimedia.org/wiki/File:MunsellColorCircle.png

[23] https://commons.wikimedia.org/wiki/File:Munsell_1943_color_solid_cylindrical_coordinates_gray.png

[24] https://commons.wikimedia.org/wiki/File:CIE1931xy_blank.svg

3章　画像処理技術の詳細～パターン検出と画像識別～

19 形状処理

[25] 出典：マクセルフロンティア株式会社「フロンティア画像認識ラボラトリー」

https://www.frontier.maxell.co.jp/blog/posts/22.html"

[26] 出典：マクセルフロンティア株式会社「フロンティア画像認識ラボラトリー」

https://www.frontier.maxell.co.jp/blog/posts/37.html

20 空間フィルタリング

[27] 出典：マクセルフロンティア株式会社「フロンティア画像認識ラボラトリー」

https://www.frontier.maxell.co.jp/blog/posts/15.html"

[28] GradientBased Learning Applied to Document Recognition

Yann LeCun L eon Bottou Yoshua Bengio and Patrick Haner

21 特徴抽出の流れ

[29] 中部大学機械知覚＆ロボティクスグループ「画像局所特徴量と特定物体認識–SIFTと最近のアプローチ–」

http://mprg.jp/tutorials/cvtutorial_02

[30] 中部大学機械知覚＆ロボティクスグループ「画像局所特徴量と特定物体認識–SIFTと最近のアプローチ–」

http://mprg.jp/tutorials/cvtutorial_03

25 画像マッチング

[31] SUN database

https://groups.csail.mit.edu/vision/SUN/hierarchy.html

https://vision.princeton.edu/projects/2010/SUN/

27 特徴点マッチング

[32] https://docs.opencv.org/4.6.0/d7/dff/tutorial_feature_homography.html

[33] https://docs.opencv.org/4.6.0/d9/dab/tutorial_homography.html

[34] Li, et al., Decoupling Makes Weakly Supervised Local Feature Better, Proc. CVPR2022, pp.15838-15848.

4章　最先端画像センシング技術

32 顔画像認識

[35] S. Yang, P. Luo, C.-C. Loy, and X. Tang." Wider face: A face detection benchmark", Proceedings of the IEEE Conference on Computer Vision and Pattern Recognition (CVPR), pp.5525-5533, 2016.

http://shuoyang1213.me/WIDERFACE/

[36] P. Viola, M. Jones," Rapid object detection using a boosted cascade of simple features",

Proceedings of the IEEE Conference on Computer Vision and Pattern Recognition (CVPR),2001.

[37] T. Ahonen, A. Hadid, M. Pietikäinen, "Face Recognition with Local Binary Patterns", Proceedings of the 8th European Conference on Computer Vision(ECCV), 2004.

[38] 法務省webサイト https://www.mlit.go.jp/common/001278992.pdf

34 Convolutional Neural Network (CNN)

[39] D. Wei et al.," mNeuron: A Matlab Plugin to Visualize Neurons from Deep Models"

https://donglaiw.github.io/proj/mneuron/index.html

35 Transformer

[40] A. Vaswani et al., "Attention Is All You Need", NeurIPS 2017.

[41] A. Dosovitskiy et al., " An Image is Worth 16x16 Words: Transformers for Image Recognition at Scale", ICLR 2021.

38 数式ドリブン教師あり学習

[42] https://hirokatsukataoka16.github.io/Pretraining-without-Natural-Images/

[43] Ryosuke Yamada et. al.," MV-FractalDB: Formula-driven Supervised Learning for Multi-view Image Recognition," IROS, 2021.

[44] Hirokatsu Kataoka et. al.," Formula-driven Supervised Learning with Recursive Tiling Patterns,"ICCV Workshop, 2021.

[45] Kodai Nakasima et. al.," Can Vision Transformers Learn without Natural Images?," AAAI, 2021.

[46] Connor Anderson et. al.," Improving Fractal Pre-training," WACV, 2022.

40 転移学習

[47] G. E. Hinton, S. Osindero, and Y. W. Teh, "A fast learning algorithm for deep belief nets," Neural Computation, vol. 18, no. 7, pp. 1527-1554, July 2006.

[48] J. Donahue, Y. Jia, O. Vinyals, J. Hoffman, N. Zhang, E. Tzeng, and T. Darrell, "DeCAF: A Deep Convolutional Activation Feature for Generic Visual Recognition," in International Conference on Machine Learning, 2014, pp. 647-655.

[49] R. Bommasani, et al., On the Opportunities and Risks of Foundation Models, arXiv, 2022.

41 データ拡張

[50] Hendrycks, Dan, et al. "Augmix: A simple data processing method to improve robustness and uncertainty." arXiv preprint arXiv:1912.02781 (2019).

42 行動認識と時空間モデル

[51] Carreira, Joao, and Andrew Zisserman. "Quo vadis, action recognition? a new model and the kinetics dataset." proceedings of the IEEE Conference on Computer Vision and Pattern Recognition. 2017.

[52] Simonyan, Karen, and Andrew Zisserman. "Two-stream convolutional networks for action recognition in videos." Advances in neural information processing systems 27 (2014).

43 3D認識

[53] Mescheder, Lars, et al. "Occupancy networks: Learning 3d reconstruction in function space." Proceedings of the IEEE/CVF Conference on Computer Vision and Pattern Recognition.2019.

47 いろいろなセグメンテーション

[54] A. Kirillov et al., "Panoptic Segmentation", CVPR 2019.

[55] J. Long et al., "Fully Convolutional Networks for Semantic Segmentation", CVPR 2015.

[56] K. He et al., "Mask R-CNN", ICCV 2017.

48 画像生成・画像変換

[57] A. Brock et al., "Large Scale GAN Training for High Fidelity Natural Image Synthesis", ICLR 2019.

[58] P. Isola et al., "Image-to-Image Translation with Conditional Adversarial Nets", CVPR 2017.

[59] J-. Y. Zhu et al., "Unpaired Image-to-Image Translation using Cycle-Consistent Adversarial Networks", ICCV 2017.

6章　画像センシングを支えるツール＆Tips～ハード、ソフトからデータセットまで～

53 画像識別データセット

[60] DENG, Jia, et al. Imagenet: A large-scale hierarchical image database. In: 2009 IEEE conference on computer vision and pattern recognition. Ieee, 2009. p. 248-255.

54 動画認識用データセット

[61] https://serre-lab.clps.brown.edu/resource/hmdb-a-large-human-motion-database/

[62] KAY, Will, et al. The kinetics human action video dataset. arXiv preprint arXiv:1705.06950, 2017.

55 3次元物体認識

[63] WU, Zhirong, et al. 3d shapenets: A deep representation for volumetric shapes. In: Proceedings of the IEEE conference on computer vision and pattern recognition. 2015. p. 1912-1920.

[64] SONG, Shuran; LICHTENBERG, Samuel P.; XIAO, Jianxiong. Sun rgb-d: A rgb-d scene understanding benchmark suite. In: Proceedings of the IEEE conference on computer vision and pattern recognition. 2015. p. 567-576.

56 物体検出&セマンティックセグメンテーション

[65] EVERINGHAM, Mark, et al. The pascal visual object classes (voc) challenge. International journal of computer vision, 2009, 88: 303-308.

[66] LIN, Tsung-Yi, et al. Microsoft coco: Common objects in context. In: Computer Vision–ECCV 2014: 13th European Conference, Zurich, Switzerland, September 6-12, 2014, Proceedings, Part V 13. Springer International Publishing, 2014. p. 740-755.

57 最新情報の収集

[67] SSII　https://ssii.jp/ssii/

[68] ViEW　http://www.tc-iaip.org/

[69] cvpaper.challenge https://xpaperchallenge.org/cv/

索引　Index

数字

A

B

C

さ行

た行

な行

は行

ま行

や行

ら行

著者プロフィール

		略歴	執筆担当節
●監　修	輿水大和 （こしみず　ひろやす）	1948年山梨県生まれ。工学博士（名古屋大学）、YYCソリューションCEO、中京大学名誉教授、理化学研究所客員研究員。現在、IEEE（Senior）、IEEJ（Fellow）、IPSJ（Fellow·終身）、JFACE（理事）、SSII（顧問・会友）、JSPE（IAIP顧問・特別委員）、IEICE（終身）、（公財）萩原学術振興財団理事などで画像AI技術研究活動中。	14 15 16 17
●主　筆	青木義満 （あおき　よしみつ）	1973年生まれ。慶應義塾大学理工学部教授、博士（工学）、産業技術総合研究所客員研究員、画像センシング技術研究会会長。画像計測・認識・生成など、コンピュータービジョンとパターン認識に関する研究に従事。	02 03 06 09 18 19 20 21
●執　筆	明石卓也 （あかし　たくや）	1978年生まれ。岩手大学准教授、博士（工学）、IEEE、IEEJ、IEICEなどの会員。コンピュータービジョン、ニューロサイエンス、ヒューマンインタフェース、人工知能などに関する研究に従事。	22 23 24 25 26 27
	大橋剛介 （おおはし　ごうすけ）	1969年生まれ。静岡大学工学部教授、博士（工学）。画像処理、視覚情報処理に関する研究に従事。	01 28 29 30 31 32
	片岡裕雄 （かたおか　ひろかつ）	1986年生まれ。博士（工学）、産総研上級主任研究員。cvpaper.challenge 主宰。3D ResNet（AIST Best Paper; 5年間で最も採択されたCVPR論文TOP100入）、数式ドリブン教師あり学習（ACCV 2020 Best Paper Honorable Mention; MIT Tech. Review 掲載）を提案。	33 34 35 36 37 38 39 40 41 42 43 44 45 46 47 48 53 54 55 56 57（共同執筆）
	杉本麻樹 （すぎもと　まき）	1978年生まれ。慶應義塾大学理工学部情報工学科教授、博士（工学）。組み込み型センサを活用したユビキタス光センシングとサイバーフィジカル空間における人間拡張の研究に従事。	05
	竹内　渉 （たけうち　わたる）	1975年石川県生まれ。東京大学生産技術研究所教授、ワンヘルス・ワンワールド連携研究機構長、JSPSバンコク研究連絡センター長、内閣府CSTI、上席調査員などを歴任。アジアを中心にした環境・災害リモートセンシングに関する研究に従事。	08
	戸田真志 （とだ　まさし）	1969年静岡県生まれ。熊本大学半導体・デジタル研究教育機構教授、博士（工学）。主に一次産業向けの画像計測・認識に関する研究のほか、生体計測とその利活用や教育情報システムに関する研究に従事。	07
	中嶋航大 （なかしま　こうだい）	1995年生まれ。筑波大学情報理工学位プログラム、博士後期2年。画像認識など、コンピュータービジョンとパターン認識に関する研究に従事。	33 34 35 47 48（共同執筆）
	門馬英一郎 （もんま えいいちろう）	1974年生まれ。日本大学理工学部准教授、博士（工学）。画像計測・測光・機械学習などコンピュータービジョンに関する研究に従事。	04 10 11 12 13 49 50 51 52
	山田亮佑 （やまだりょうすけ）	1997年生まれ。筑波大学 大学院理工情報生命学術院システム情報工学研究群　情報理工学位プログラム、産業技術総合研究所 人工知能研究センター　コンピュータービジョンチーム　リサーチアシスタント、cvpaper.challenge 幹部、コンピュータービジョンに関する研究に従事。	36 37 38 39 40 41 42 43 44 45 46 47 48 53 54 55 56 57（共同執筆）

■お問い合わせについて

・ご質問は本書に記載されている内容に関するものに限定させていただきます。本書の内容と関係のないご質問には一切お答えできませんので、あらかじめご了承ください。
・電話でのご質問は一切受け付けておりませんので、FAXまたは書面にて下記問い合わせ先までお送りください。また、ご質問の際には書名と該当ページ、返信先を明記してくださいますようお願いいたします。
・お送りいただいたご質問には、できる限り迅速にお答えできるよう努力いたしておりますが、お答えするまでに時間がかかる場合がございます。また、回答の期日をご指定いただいた場合でも、ご希望にお応えできるとは限りませんので、あらかじめご了承ください。
・ご質問の際に記載された個人情報は、ご質問への回答以外の目的には使用しません。また、回答後は速やかに破棄いたします。

■問い合わせ先

〒162-0846
東京都新宿区市谷左内町21-13
株式会社技術評論社 書籍編集部

「図解即戦力　画像センシングのしくみと開発がこれ1冊でしっかりわかる教科書」係

FAX：03-3513-6167

webページ：
https://book.gihyo.jp/116/

■装丁……井上新八
■本文デザイン……リンクアップ
■DTP……森山典（だん広房）
■編集……大野彰（オリーブグリーン）
■担当……矢野俊博

図解即戦力
画像センシングのしくみと開発がこれ1冊でしっかりわかる教科書

2023年6月27日　初版　第1刷発行

著　者　輿水大和、青木義満、明石卓也、大橋剛介、片岡裕雄、杉本麻樹、竹内渉、戸田真志、中嶋航大、門馬英一郎、山田亮佑
監修者　輿水大和
発行者　片岡　巌
発行所　株式会社技術評論社
東京都新宿区市谷左内町21-13
電話　03-3513-6150　販売促進部
03-3513-6160　書籍編集部
印刷／製本　株式会社加藤文明社

ISBN978-4-297-13557-7 C3055　　Printed in Japan